美式经典别墅

美式经典别墅

[澳] 视觉出版集团 编
付云伍 译

广西师范大学出版社
· 桂林 ·
images
Publishing

图书在版编目(CIP)数据

美式经典别墅／澳大利亚视觉出版集团编；付云伍译. —桂林：广西师范大学出版社，2017.7
ISBN 978-7-5495-9905-9

Ⅰ. ①美… Ⅱ. ①澳… ②付… Ⅲ. ①别墅-建筑设计-美国-图集 Ⅳ. ①TU241.1-64

中国版本图书馆 CIP 数据核字(2017)第 149112 号

出 品 人：刘广汉
责任编辑：肖 莉 齐梦涵
版式设计：吴 迪

广西师范大学出版社出版发行
(广西桂林市中华路 22 号 邮政编码：541001
网址：http://www.bbtpress.com)
出版人：张艺兵
全国新华书店经销
销售热线：021-31260822-882/883
恒美印务(广州)有限公司印刷
(广州市南沙区环市大道南路 334 号 邮政编码：511458)
开本：889mm×1 194mm 1/12
印张：29 $\frac{1}{3}$ 字数：43.5 千字
2017 年 7 月第 1 版 2017 年 7 月第 1 次印刷
定价：428.00 元

目录

Terracotta 64
DERWENT • STUDIO
STAEDTLER
MARS PLASTIC

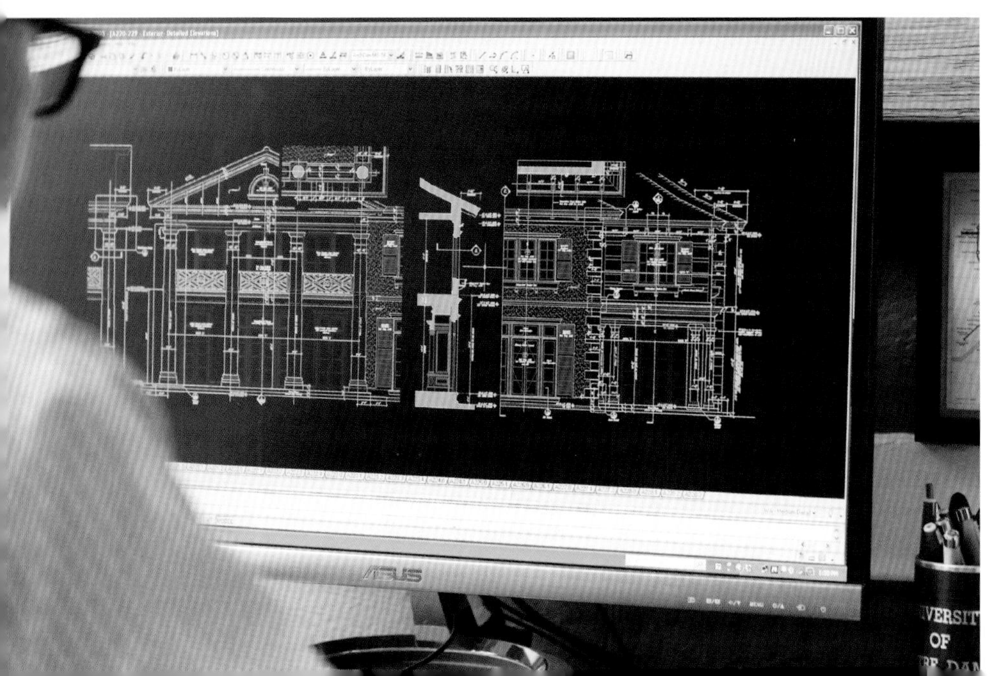

前言

经典的住宅不只是保存完好的住宅，还是充满了勃勃生机的住宅。在美国，这样的住宅也许比任何地方都更为常见。虽然我们今天的生活和工作也许越来越依赖于尖端的技术，但是在内心深处，我们依然渴望自己的家园具有熟悉亲切、传统悠久、历久弥新的氛围，最为重要的，是拥有美丽悠然的环境。这种渴望并不意味着我们落后于时代。相反，在与生活相关的技术手段方面，我们仍然紧跟最新的现代化发展趋势，同时满足人们无形的精神需求和家的归属感。在本书所展示的精美的当代经典住宅范例中，这些都会得到证明和体现。

21世纪的经典建筑是什么样子的？对于很多人来说，经典建筑就是一种设计形式，它可以让人们回顾过去，回想起古希腊、古罗马时代的设计原则，还有他们采用的五类典型石柱（托斯卡纳式、多利安式、爱奥尼亚式、科林斯式和复合式），每一种柱式都有自身的比例和装饰规则。尤其是古典建筑师都信奉维特鲁威、莱昂·巴蒂斯塔·阿尔伯蒂、安德里亚·帕拉第奥、塞巴斯蒂亚诺·塞利奥和伽科莫·巴罗兹·达·维尼奥拉的著作，以及他们的建筑设计法则。但是在今天，用传统特色和本地特色描述一个建筑、尤其是住宅具有经典特色，也许才更为适合。一座住宅的根源很可能回溯到古典时期，或是经历了意大利文艺复兴时期，或是英国的乔治王时代。但是它的具体设计随着时间的推移却在不断演变，从而反映出它所处时代的环境、文化、技术、经济和历史背景。我们关注过去，是为了从先辈们身上学到各种经验教训，并将其改进，然后更好地运用于现代的环境之中。

为何经典的传统住宅在今日的美国如此大受欢迎？对于外部世界，美国作为一个相对年轻的国家一直被视为现代世界的缩影和创新的同义词，并且一直走在我们这个伟大技术进步时代的最前沿。人们不会立刻想到用经典或传统这样的词汇来描述这个国家，或者确切地说，来形容它的建筑。然而，当开国元勋们（尤其是托马斯·杰弗逊）决定通过建筑表达对他们新建的民主独立国家的肯定时，他们却选择了关注过去并模仿古希腊和古罗马时代的建筑。相应地，希腊复兴风格进一步参考了古代雅典的建筑，因为它能够体现出美国人所追求的爱国主义和民主自由的理想。从那时起，美国的经典住宅便与这些相同的理想紧密地联系在一起。然而有趣的是，在类似的英式和法式经典住宅中能够发现的阶级结构却与此没有任何的关联。

近年来，我们也目睹了对上一代人的全球化的反击，因为每个国家、城镇、村庄、街道和住宅都已经失去了它们的认同感，尤为重要的是，失去了独特的个性。现在，我们已经认识到由于忽略了过去和传统，以及一直否认它们与当今的相关性，致使我们的建筑、文化和政治都丧失了认同感，那是一种公民的自豪感、一种属于特定地点的归属感、一种落叶归根的感觉。我们重新认识到某些价值观和原则是永恒不变的；认识到在每个地区的建筑中，住宅的鲜明特点是我们祖先传承下来的丰富传统的一部分。最重要的是，我们的住宅、我们的家园塑造了我们的个性，它们描绘出我们是谁，或者更确切地说，描绘出我们所希望的自我形象。

为什么美国的经典住宅会有如此各异的风格？因为美国的建筑与美国的多元文化社会一样丰富多彩，与美国的自然地貌一样广阔多姿。它体现了丰富的兼收并蓄和创新的传统，使人们意识到他们的宝贵遗产来自于对当地气候条件的应对措施和当地材料的可用性，并受到了欧洲宏伟建筑实例的启发。换句话说，就是气候、材料和传统这三个主要的影响因素决定了我们住宅的建筑特色，并且成功地将住宅融入到自然景观和历史背景之中。

这三大影响因素或是要点，在 1624 年出版的由亨利·沃顿爵士所著的《建筑的要素》中被进一步描述。这也是维特鲁威翻译的第一个译本《建筑》中的内容，也第一次引用了好的建筑需要三个条件：坚固结实、物有所值、令人愉悦。

例如，在更为寒冷的北方地区，经常遭受大雪的袭击，这里的住宅就倾向于采用陡峭的倾斜屋顶，使降雪快速滑落到地面，防止屋顶过多的积雪。另一方面，在高温的南方热带地区，屋顶的坡度就相对较缓，并带有巨大的飞檐。这不仅可以提供遮阳功能，在雨季的时候还有利于降低雨水带来的不利影响。在这两种情况中，具有特殊功能的屋顶决定了住宅的形状、构成和比例，并最终决定了住宅的风格样式。尽管我们现在可以采用各种先进的技术，但是在防晒、防雨、防雪方面，它们却比不上传统设计的屋顶。这也是我们这些生活在平整的现代屋顶之下的人可以证明的。功能必须决定美感，并胜过美感。

通过就地取材，我们确保住宅看上去与所在之地更为协调，仿佛从我们的建筑传统中自然形成，并与自然和谐共生。从历史上看，北美和欧洲覆盖着广阔的森林和茂盛的植被，因此出现了很多木质框架结构的住宅。这些住宅的墙壁通常覆盖着护墙板，屋顶铺着木瓦。逐渐地，这些材料形成了一种等级层次，通过砖头、石头和石板的采用，显示了人们在当地社会中财富和地位的提升，尤其是在纽约周边的繁荣富裕的住宅区。但是即使在那时，这些材料也是采自当地，或者就砖头而言，使用了附近挖掘的黏土。这也使得砖头的成品往往带有一种特别的当地色彩。随着国家的扩大和铁路的出现，建材在国内的运输更为便利。现在，开采于缅因州和明尼苏达州的石材完全可以用来装饰纽约的建筑。

但是，在创造特定地区美学的设计中，三大影响因素中最为重要的就是最初定居者的传统，还有他们所选择的建筑语言。作为移民，我发现自己周围的一切都令我想起自己出生的国家，好像不愿失去自己的本来身份。最早建立北美殖民地的英国人、荷兰人、德国人和法国人也是如此。他们不仅用自己家乡的名字来命名新建的城镇和村庄（纽黑文、新伦敦和纽约），还带来了木制框架结构的专业知识和建筑施工技术。

毫不奇怪的是，殖民时期的很多建筑都模仿了英国乔治王时代的建筑，不过还是做了一些修改以适应美国的环境。在新英格兰地区，木材取代了砖头被运用在我们现在所说的殖民地风格的建筑中。

在我们的城市里，因为防火的需要，砖头被大量采用。在巴哈马群岛，同样的乔治亚风格被改为使用当地的材料，并采用大进深的门廊和屋顶挑檐来遮蔽酷日。如今我们称其为盎格鲁 - 加勒比或不列颠殖民地风格。根据所采

前页:(上)对于棕榈海滩的这个西班牙地中海风格的住宅,设计过程以菲利普的手绘彩色铅笔草图开始。颜色十分重要,因为有助于确定材料的选择。此外,景观美化的构成要素也是总体建筑设计中必不可少的部分。在项目的早期设计阶段,手绘草图更为实用,并且对于体现房主的总体构思有着密切的关系。**(下左)**随着设计的展开,菲利普通过计算机绘制了详细的立视图。重要的是要注意计算机被用作一种工具,就像铅笔一样记录建造住宅所需的信息,以获得必要的市政批准。**(下右)**建设施工图纸被打印出来,然后用比例规进行检查,再花费一些时间对图纸进行调整,使其看似传统手绘的表格。这并不是为了美观的目的,而是让我们仔细思考图纸里应该有什么、不应该有什么。人们依赖的这种眼睛—大脑—手的协调一致功能正在消失,并被计算机支配。

对页(上)和后页:菲利普设计的新式西班牙地中海风格住宅的计算机效果图。类似这些计算机生成的透视图有助于为房主呈现出三维立体的设计,因为传统的平面立视图很有可能会产生误导作用。通过展现景观美化,使风化侵蚀的材料呈现出岁月的光泽,还有添加阴影等手段,让房主可以直观地看到他们的家园最终将会是什么样子。

用的建材、建造者的技术和手艺，以及需要应对的气候特点，每个州和地区都会出现具有自己特色的乔治亚风格建筑。

继续向南、向西，我们会发现很多受到西班牙和地中海风格影响的建筑。诸如弗罗里达州奥古斯汀、新墨西哥州圣达菲的定居地和纽约的教会建筑。这些早期的定居地建筑促成了美国独有的地中海复兴风格。这种风格包含了西班牙文艺复兴、西班牙殖民地、美术派、意大利文艺复兴和威尼斯哥特式等建筑风格。这种风格的海滨别墅和度假胜地遍布加州和弗罗里达州。

法国人的克里奥尔风格建筑则落户在墨西哥湾沿岸和路易斯安那地区，这种风格融合了法式加拿大风格和加勒比建筑风格。即使西班牙人在1763年控制了这些地区，但是由于当时这种改良的法式建筑已经创立了一种独特的认同感，因此依然被继续建造（最为著名的新奥尔良法式居住区）。

在我们的城市里，会看多更多风格的建筑，这与人口的多样性、流行时尚和居民的财富是相一致的。在曼哈顿，我们会看到西村有很多砖结构的乔治亚式排屋，目前已被比例更为修长、具有维多利亚和意大利风格的褐色砂石建筑所取代。在第五大道，还有很多受到意大利文艺复兴和哥特复兴风格启发的美术派宅邸。在上西区，有受到巴黎风格影响的公寓建筑。最后，还有特色鲜明的美式建筑——摩天大楼。只有在美国的城市里才能看到各种建筑风格兼收并蓄、完美融合的情景，每一种风格都代表了城市发展演变过程中的特定时期。在镀金时代的纽约，对这些建筑风格进行了精心的挑选和斟酌，通过新城市的建立达到建筑史的顶峰，从而振兴雅典、伦敦、巴黎、罗马的文化传统。

本书介绍的七家建筑事务所都是地区性经典住宅设计的支持者。尽管他们的作品各不相同，但是在建筑实践中他们都表达了对规模比例、融洽和谐，以及最重要的个性品质的尊重。每一个设计中都充分考虑了当地的气候、材料和传统的影响，从而使住宅轻松自然地融入到当地的环境之中。他们的每一个设计都蕴含着归属感，将世代传承的传统呈现在我们的面前。然而，它们也是现代的住宅，不是落后于时代的住宅。因为它们提供了所有当今家庭渴望的舒适性和先进性。总体看来，他们的工作证明了美国兼收并蓄的建筑遗产经久不衰，也证明了美国经典住宅的传统仍然活力十足，生机无限。

菲利普·詹姆斯·多德

查尔斯·希尔顿建筑事务所

即使是富裕的美国人，也很少能够拥有像格林威治镇那样久负盛名、新潮时尚、精美别致的私人领地。这里位于曼哈顿中心的东北部，距离康涅狄格的黄金海岸仅有48千米远，这个专属的小村庄将田园小镇的宁静祥和与繁华都市的文化氛围完美地融合为一体。这里是美国最高端的私有住宅区，不断地吸引着世界各地的工业界、金融界巨头以及各类创新型商业企业的创业者在这里安家落户。今天，他们沉浸于此，品味着格林威治独特的精美豪华，享受着这里恒久脱俗的高贵品质。

正是在这种时尚与精致相结合的背景之下，屡获殊荣的建筑师查尔斯·希尔顿铸就了自己辉煌的职业生涯。在过去的30年里，他在格林威治镇以及周边地区创建了250多处优秀杰出的别墅住宅。凭借对当地精美建筑发展历史的广泛了解与深入研究，希尔顿用自己的名字创立了这家建筑事务所，并成为业界的专家及权威。无论是高调精美的帕拉第奥式别墅，还是乔治亚乡村住宅，或是细节繁琐的欧式农舍，又或是木瓦结构的海滨别墅，希尔顿总是在设计中，把古典建筑的风格与眼光独到的客户所期待的舒适便利的现代设施巧妙地结合在一起。

希尔顿早年时期曾经对美国东北部地区的民居风格极为赞赏。他将这种欣赏一直带入到设计的学业之中，虽然他在宾夕法尼亚州立大学以及德国达姆斯塔特的技术大学更专注于现代主义风格的学习，但是在1988年，毕业后的第一份工作却让他重新回到古典主义风格的道路之上。也正是这一职位将他带到了格林威治，从此便一直在这里工作，并于1991年创立了自己的第一个工作室。

与他的客户一样，希尔顿对于历史与文化有着天生的好奇心。同样，与那些房主一样愿意投入大量的时间、精力和金钱用于细致周密的工作之中。在这些住宅中，他的设计构思根植于传统建筑的原则，超越了时间、风格和品味。更为注重人性化尺度、历史相关性以及真材实料和高品质工艺的运用。希尔顿擅长创造能够巧妙迎合现代生活方式的古典风格建筑，这些建筑不仅融合了现代的技术，还反映了我们现今所生存的国际社会多样性的特点。尽管很多建筑的外表显得十分传统，但是其内部则是为现代生活而设计的。他打造的家居总是充满了明亮的光线，并在规划设计中提倡空气的自然流通、体现轻松的娱乐氛围、可以开展趣味丰富的家庭互动和各种室内外生活。它们可以提供当今人们喜爱的各类空间和设施，从泥浆游戏室到大房间，从媒体中心到带有餐厅的大厨房，以及智能家居技术、各类节能系统和环境敏感材料可谓应有尽有。

希尔顿将自己的职业生涯全部奉献给创建富于想象力和历史相关性的建筑，从而启迪人们的思维，带给人们快乐，从根本意义上改善居住者的生活质量。

“最后，他建造的住宅唤醒了历史的记忆、含义和底蕴……这些建筑不仅仅是庇护之地和居住之所，更是展现非凡生活的舞台！”

乔治亚乡村别墅

康涅狄格州，格林威治

如果说有一个令事务所闻名的具有古典美学的建筑，那便是乔治亚殖民地风格别墅。这种风格最早可以追溯到15世纪欧洲文艺复兴时期，随后盛行于英国，最终出现在殖民地时期的美国。起初只是在移民聚居的威廉斯堡、弗吉尼亚、费城和波士顿等地生根发芽，随后在20世纪初期的殖民地复兴时期迅速传遍整个东海岸区域。希尔顿发现这种风格样式特别适合格林威治的地理环境，这里的地块都十分开阔、平整并带有略微倾斜的缓坡，有利于这种建筑风格对称和均衡的造型结构，从而在这片平坦的土地上显得更加宏伟庄严。别墅的外观采用色调简单的砖石结构墙壁，并带有石板铺制的屋顶。很多细节处理上运用了漆成白色的木制结构和生有绿锈的铜艺制品。透过这些元素的有机结合以及协调的比例和规模，可以看出希尔顿炉火纯青的设计技巧。在翻建这座建于上世纪40年代的别墅过程中，他成功地将一座翼楼无缝添加到主体建筑之上，使原来的非对称形式外观更加平衡协调，鲜明地体现出他的设计技巧。新增的部分提供了若干全新的客房、一间带有椭圆形扇窗的日光浴室，还有铺满橡木镶板的客厅，其中设有一座乔治三世风格的大理石壁炉。另外，对别墅中部的主体建筑和原有的东侧翼楼也进行了大范围的翻修，淘汰了过时的基础设施和陈旧的装饰，使之焕然一新，恢复了建筑原有的风格和特点。

住宅面积: 929平方米　**占地面积:** 4.85公顷　**竣工时间:** 2004年

内部设计: 伊莎贝尔·范奈克　**采光设计师:** 加里·诺瓦赛尔　**景观设计:** 查尔斯·J.斯蒂克

摄影: 尼古拉斯·罗通迪摄影；史蒂芬·特纳空中摄影；伍德鲁夫-布朗建筑摄影；查尔斯·希尔顿建筑事务所

前页: 低矮的黄杨树篱墙构成的景观形成了一个宽敞并且比例适中的入口庭院。具有古典风格比例和细节的主体建筑两侧对称分布着两座翼楼，仿佛张开的双臂迎接着到来的访客，并引导他们通过中央门廊进入到内部。西侧新增的翼楼（右侧）采用了传统的砖混结构，与原有的风格相匹配。住宅上混合运用的色彩斑驳的半风化佛蒙特石板，与下部砖头与砂浆构成的实体结构形成了互补效果。

对页: 住宅后部立面的鸟瞰图，显示出建筑师意欲打破前部对称形式的立面结构。尽管依然沿用了古典风格的比例和结构形式，南部立面却采用了包含多种构成元素的协调的非对称形式结构。值得注意的还有建筑与景观设计元素之间的均衡构造及精心整合。

上: 从泳池一侧的房屋观望对面的泳池露台和住宅的南部立面，可以看到一系列古典风格的窗口、凸窗、屋顶天窗和穹顶装点着的外观立面。

后页: 两层高的入口大厅遍布着精美细致的细节处理，显得宽敞的同时还令人感到很亲切。蜿蜒向上延伸的楼梯、带有立体错视画的亚当斯式天花板以及墙面镶板优雅地高悬在地板的上方，地板由橡木和胡桃木以辐射状的鱼骨（人字形）图案铺成。

上: 新建日光浴室的东侧立面，在威尼斯式石膏天花板的下面，由错视画构成的格状壁龛将一个古老的石灰石喷水池围绕在其中。

对页: 日光浴室的南侧和西侧立面，由细节精致的格状壁柱构成了内部和外部的门框，此外还装饰着委托艺术家罗伯特·库什内尔创作的名为《春与夏》的艺术画。

SWORDS AROUND A THRONE

左: 大房间位于住宅的西侧翼楼，内部具有古典风韵的橡木墙板将复制的乔治三世（切斯尼）风格的壁炉环抱其中。顶部的拱形石膏天花板也十分引人注目。**上:** 乔治三世壁炉上装饰带面板的工艺草图。

后页:（左、中） 椭圆形的楼梯间优雅流畅地从二楼的卧室向下连接到客房的起居室。墙壁上采用了糖果色苹果绿的威尼斯石膏装饰。**（右）** 以印花麻布为装饰主题的客房，这里可以俯视前面的入口庭院。

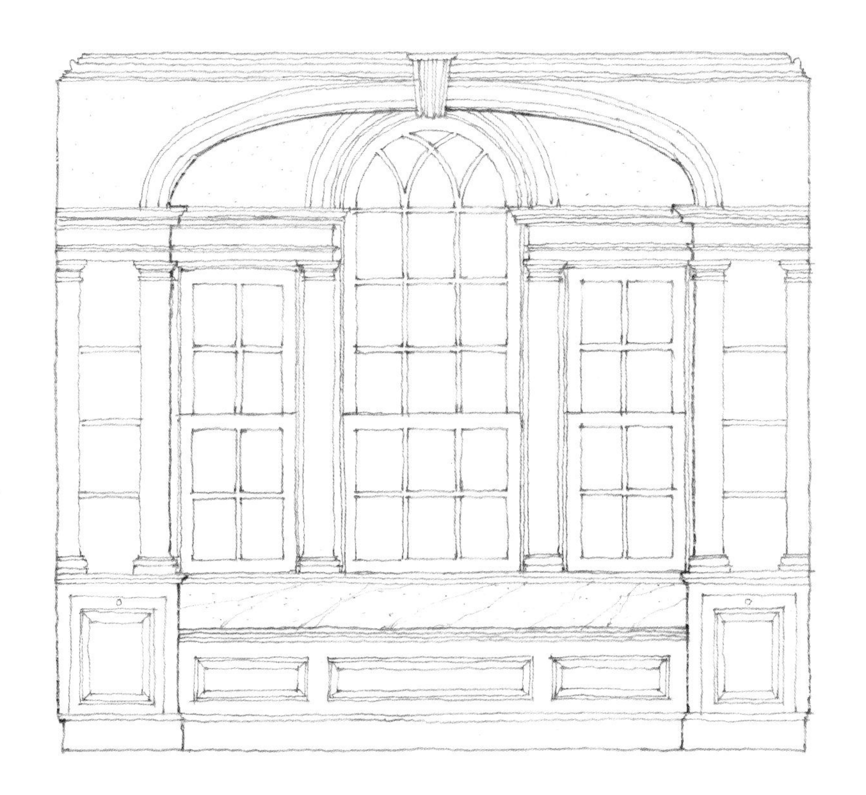

左: 一层的客人套房直接开向其私有露台。

上: (照片和草图)主浴缸的位置设有帕拉第奥式窗口,具有观赏下面花园的开阔视野。

倦猫农庄

康涅狄格州，格林威治

这座占地4.85公顷的庄园仿佛一颗王冠上的宝石，标志着建筑师在过去22年中与客户精诚合作所取得的最高成就。这座法国诺曼式农舍的灵感来自于希尔顿的一次凡尔赛之旅。他把为玛丽·安托瓦内特（绝代艳后）修建的皇后农庄所独有的诺曼式外观和感受，还有半木式结构、茅草屋顶等特色移植到了格林威治。在这里，他发挥想象力，创造了具有传奇色彩的法式隐居寓所。倾斜陡峭的石板屋顶上点缀着突出的天窗，墙壁由大块儿的巨石砌成，半木式结构和罗马式陶瓦随处可见。希尔顿吸收了如此众多的欧式风格，使住宅呈现出浪漫的美感和相对松散的构成形式。与乔治亚风格住宅不同，这些欧式的外观看上去少了几许拘谨和僵硬，多了几分内心和情感上的轻松愉悦。它们所唤起的不仅是遥远欧洲的风情魅力，更多的是体现生活在这里的人们享受生活的方式。就这座住宅而言，它的主人们是狂热的园艺和烹饪爱好者，并希望将住宅转变成一个有机的农庄。因此，诺曼农舍的风格完美地满足了这些实质性的需求。与大地相融成为了这里的视觉主题：坚实的巨石基座把住宅稳稳地固定于地面，乡土气息浓厚的材料和砍劈而成的粗糙材料在室内外比比皆是，唤起了人们对大自然的向往。

住宅面积： 27平方米　**占地面积：** 5公顷　**竣工时间：** 2013年
内部设计： 伊莎贝尔·范奈克　**采光设计：** 加里·诺瓦赛尔
景观设计： 查尔斯·J. 斯蒂克
摄影： 伍德鲁夫-布朗建筑摄影；罗伯特·本森摄影；尼古拉斯·罗通迪摄影

前页: 客人们可以驱车沿着一条古老蜿蜒的卵石车道直达位于低层面的停车场。将住宅稳固于起伏地面的巨石基座，其上部是古旧的木制横梁和立柱构成的框架结构，框架之内采用罗马砖瓦进行填充。

对页:（上左） 南侧立面的露台依偎在将住宅环绕的古典园林之中。**（上右）** 阳光普照之下的西侧立面。立面上部由古典的木制梁柱框架构成，内部填充了定制的卢德维琪罗马砖瓦。每一扇凸窗的样式都与众不同，使这座住宅更具数百年历史的诺曼建筑风采。**（下）** 住宅的主入口大门位于南侧立面，并且被一个雕刻而成的古典石头门框"灵感之门"围绕在内。

上: 朝向花园一侧的立面外观，其上高大的木制凸窗让人联想到勒琴斯设计的宅邸花园。

上: 入口大门的研究图纸。

右: 宽敞的橡木大门迎接来客进入门厅，门厅内部的墙壁和天花板结构中采用了卡玛格石灰石、质朴的法式石膏以及古老的木料。

MATISSE
GREAT HOUSES OF IRELAND
FOREVER GREEN
SOUTINE
SOUTINE

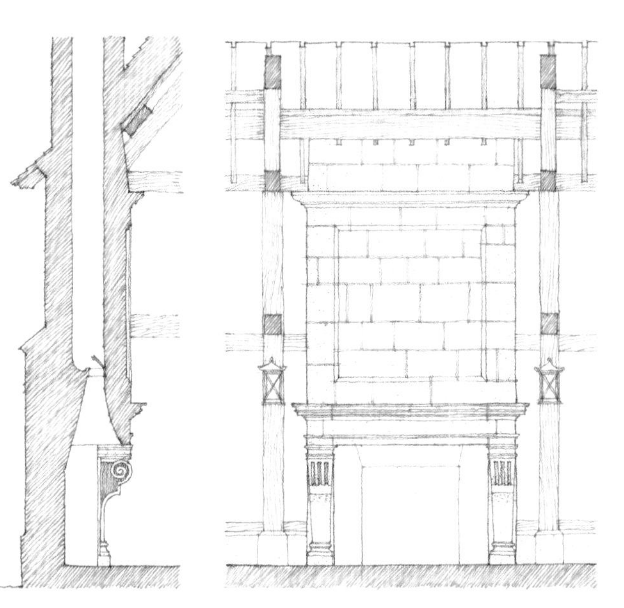

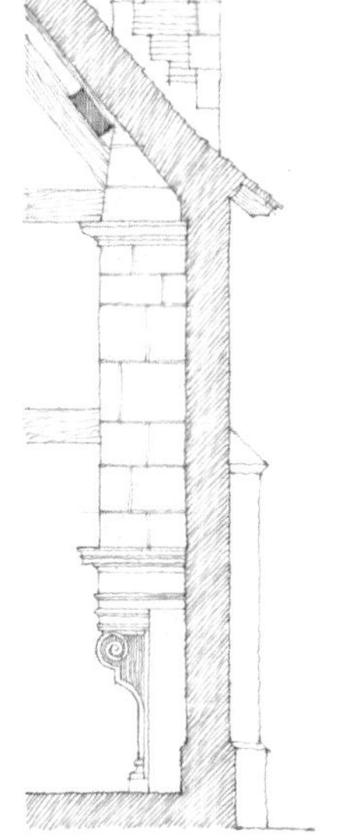

对页: 宽敞的大房间，内部设有休息就坐区域和就餐区域，高达两层的凸窗朝向花园探出。

上左: 由大房间的中部观看采用卡玛格石灰石定制的壁炉。**上右:** 这座住宅拥有夫妇二人所需的一切现代化便利设施，尤其是最先进的美食厨房。客人们可以被邀请到大房间观看从有机农场就地取材的美食在这个散发着乡土气息的厨房内加工的全过程。**左:** 卡玛格石灰石定制的壁炉研究图纸。

上: 主浴室盥洗台的墙壁内置了豪华的化妆台，坐落在水晶大理石铺成的马赛克地面上。

对页: 位于石塔内部宽敞明亮的主卧室。

后页: (左) 主卧室塔楼内的书房，高悬倾斜的天花板特色鲜明，布满了花园风景元素。

(右) 螺旋状楼梯穿越主卧室的威尼斯式石膏穹顶直达上面的私人书房。

IRIS ORIGO
POSTWAR
REBEL YELL
SOUTINE
SOUTINE
GAME CHANGE
PENCIL

C

右: 石塔的地下室内设有木质框架结构的酒窖。

AZELIA
LUIGI SCAVINO
MONPRIVATO
MASCARELLO
Marziano Abbona
Vietti
Barolo
2005
Lazzarito
ELIO GRASSO
CONTERNO
Vietti

滨水木瓦别墅

康涅狄格州，里弗赛德

在美学方面，几乎没有哪一种风格像木瓦风格那样与经典的美国海滨住宅有着密切的联系。尤其是在东北部地区，自从19世纪末期以来，这种布局散乱、覆盖着盖屋板的住宅就开始星罗棋布于海岸地带，受到一代又一代海洋爱好者的青睐。希尔顿已经掌握了如何通过精心计算把住宅的滨水视野和自然采光效果做到极致。在格林威治，他建造的海滨住宅通常都是沿着海岸延伸，结构狭长而松散，更好地利用它们观赏广阔的海景以及暴露在南面的长岛海峡。在这里，基于具备一定的休闲性和精美外观的需求，他设计了这座拥有六间卧室的海滨别墅住宅。住宅的前部外观显得相对封闭和保守，而在滨水一侧的后部则开辟了大量宽敞的窗户和玻璃门，并且修建了一些门廊和凉亭，可以作为户外的活动空间。此外，大量运用了有机元素、曲线形状和充满趣味的造型，使住宅原本简单的对称结构和僵硬的立面以及屋顶线条的角度显得更加柔和并富有活力。住宅的内部更是别有洞天，人字形图案的地板、精心刻制的雕花栏杆，还有更多带有惊天奇想的空间造型结构——早餐室的天花板令人想起船艇下层的甲板；书房内一系列窗户构成的曲线造型犹如航船的艏部；遍布于墙壁和天花板的珍珠板使人们仿佛置身于年代久远的海滨小屋。

住宅面积:948平方米　**占地面积**:0.8公顷　**竣工时间**:2013年

内部设计:艾米·安德鲁斯　**采光设计**:加里·诺瓦赛尔　**景观设计**:比尔·卢瑟福

摄影:伍德鲁夫-布朗建筑摄影；罗伯特·本森摄影；史蒂芬·特纳空中摄影；尼古拉斯·罗通迪摄影

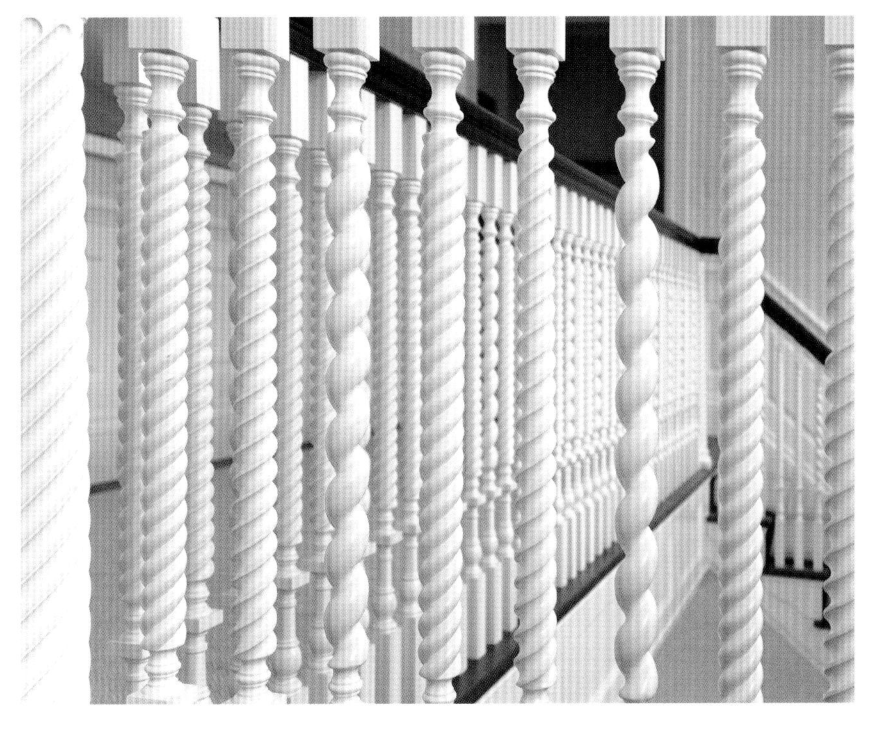

前页: 这座住宅的正面外观可以看到线条流畅的巨型屋顶，粗石砌成的基座横跨在风景如画的地面之上。

本页: 大型入口门厅内带有横梁的天花板、镶满壁板的墙壁、趣味横生的楼梯和带有人字形图案的仿古地板，让来到这座滨水别墅的客人有宾至如归之感。

对页: 厨房的橱柜运用了漂白的木色装饰，而天花板和台面则采用了柔和的绿色和米黄色调。做旧的木质地板将厨房与外部的滨水美景连接在一起。

左和上: 一个巨大的拱形开口将餐厅和起居室连通。

本页和对页: 半圆形的主书房享有 180 度的视野,可以俯瞰横跨长岛海峡的曼哈顿和长岛。

左: 坐在半圆形的门廊之内，拥有观赏长岛海峡的全景视野。

上: 朝向主阳台的滨水凉亭的细节。

后页: 从对面的泳池露台观看住宅的后部立面。

弗兰克和劳森
建筑事务所

弗兰克和劳森建筑事务所对于传统建筑的设计理念就是打造独特、恒久的宜居空间。事务所的设计范围十分广泛，从都市住宅到乡间农舍以及海边寓所无所不包。客户总是具有前瞻性思维，并且期望建造的住宅持久永恒，以确保投资的长期有效性。合作伙伴迈克尔·弗兰克与阿特·劳森有幸与众多最优秀的室内设计师共事,他们能够将每位客户的独特品味以充满活力、具有个性和从容淡定的方式注入到建筑之中。

弗兰克和劳森事务所已经被致力于复兴传统和经典建筑的重要组织机构所认可，获得了古典建筑与艺术协会颁发的颇具声望的建筑大奖——亚瑟·罗斯奖（Arthur Ross Award）。尽管在古典建筑方面取得了无与伦比的资质，但是"古典"一词却并非他们用来描述自己作品的首选词汇。正如迈克尔·弗兰克所说，"'永恒'是一个更好的词汇，伟大的古典建筑最为重要的一个方面，就是它现在令人感受到的美感和相关意义与最初的设想是完全一致的。"

经过多年的研究、游历和研究著名的古典建筑，以及同世界各地的客户通力合作，弗兰克和劳森事务所已经形成了独树一帜的专业技能，在以古典风格为基础的前提下，往往能够超越风格与先例的严格界限。在华盛顿特区和乔治亚州的萨凡纳设有办公地点的弗兰克和劳森事务所，时常在建筑风格中显示出明确的南方风情，这也是迈克尔·弗兰克出身于南方的一种反映。对于每一个项目，最为重要的理念就是：要让事务所的作品看起来"永远属于它的所在之处"。

阿特·劳森解释说："真正伟大的建筑是建筑师、客户、建设者合作的结晶。我和迈克尔能够取得成功的原因就是我们能够作为一个团队来进行完美的合作，我们一起把工作做得更好，也带来了更多的乐趣。"通过这种合作方式，事务所设计的住宅不仅经久牢固地矗立于所在的地区，还具有鲜活的当代气息。每一个项目不仅要具有优雅、美观和成熟的韵味，同时还要满足年轻一代客户的需求和品味。

"美国人的家庭大都追求实用性和舒适性，我们的客户需要的是富有趣味性和创新性的住宅，在反映他们个性的同时，还能够成为一个不错的邻居。"弗兰克说到："通过了解每一个客户，我们完全能够满足上述需求。最终，我们创造出美丽、永恒的新居，也收获了美妙新鲜的友情。"

"真正的美是经久不衰的，这就是为什么我们始终在作品中
努力追求真正的永恒。"

一座农场住宅

新泽西州，普林斯顿

这座私人住宅坐落在一个占地40.5公顷的新农场之内。除了有机农场，这里还有一个农贸市场和用于休闲疗养的马术设施。这个新农场的第一个建筑便是这座按照当地乡土建筑风格设计的住宅。在建造中大量采用了粗石、砖头以及护墙板，此外还使用了与这些石头、砖头相匹配的经久耐用的材料，诸如手工打造的波纹铜材和佛蒙特石板。配有可开启百叶窗的红木窗户使住宅更具返璞归真的原味品质。在扇形窗和前门两侧的灯具上还采用了真正的含铅玻璃。由于在设计中围绕着中心巨大的主体建筑添加了一些侧翼建筑，或者叫做“新增部分”，因此整个住宅看起来似乎随着时间的推移而不断地生长壮大。住宅高栖在农场中部的一座小丘之上，与原有的绿色植物篱墙相互掩映。占据核心位置的住宅不仅整合了农场所需的各种功能，还满足了大型家庭的生活需求。一个带有围墙的蔬菜园使住宅更为自然协调地融入到整个农场以及周围景观之中。农场的其他建筑还包括一个用于办公的独立建筑，采用了与住宅主体相同的石材建造。处于优美景观之中的住宅恰好位于一条新建车道的岔口处，从而清晰地指明了家庭居住区域和农场区域之间的界线。

住宅面积: 660平方米　**占地面积:** 40.5公顷　**竣工时间:** 2013年
内部设计: 斯珀吉翁·刘易斯　**景观设计:** 杰伊·格雷厄姆
摄影: 戈登·比尔

左: 住宅的内部和外部都广泛采用了经久耐用的材料，厨房和家庭用餐区域采用的木地板和过去废弃的内部镶板的再利用，让这个新厨房看似经历了无数岁月的洗礼。

上: 住宅内部设有一些更为正规固定的区域，比如入口大厅和图书室。而其他区域则适合日益扩大的家庭进行各种喧闹的活动。

水上住宅

马里兰州，格伦艾克

在华盛顿特区附近，既能够享受自然美景，又能够以很短的车程而抵达市区中心的地点极为罕见。这座住宅所处的地点极为陡峭，并且在一侧受到国立公园的制约，另一侧也受制于相邻的住宅，并不适合用来建造房屋。对于这样一个位于波托马克河湾处的独特地点，弗兰克和劳森事务所制定了一个带有翼楼的"蝴蝶方案"，设计出一座充分利用周边非凡景物的住宅，仿佛一只张开翅膀的蝴蝶落入这个不同寻常的地点。从风格上看，住宅的外观令人回想起埃德温·勒琴斯爵士设计的古老乡村别墅，这些住宅通常采用砖结构，拥有用黏土瓦铺盖的屋顶和壮观的烟囱，与古板保守的建筑相差甚远。

这座充满动感活力的住宅拥有庄重的正面外观，整个外观无论在平面布局上还是在立面上都运用了波动的造型，体现了远处奔流河水的动态。住宅后面两侧的翼楼围成了一个两层高的露台，站在上面可以俯视下面新建的大型泳池和雄浑的河流。阿特·劳森解释说："通过将翼楼设置成一定的角度，我们可以拥有观赏波托马克河的完美视野。同时还能让露台避开邻居的视线。"迈克尔·弗兰克说："这座住宅完全融入到了周边的景观之中，并充分利用了独特的地貌特点，这种方式真的是十分特别。"

住宅面积：1300 平方米　**占地面积：**0.8 公顷　**竣工时间：**2013 年
内部设计：达瑞尔·卡特尔　**顾问建筑师：**布鲁斯·海耶斯　**景观设计：**卡洛琳·欧文
硬景观设计：弗兰克和劳森建筑事务所　**摄影：**戈登·比尔

对页: 分离式的曲线形楼梯将正面入口环抱在其中，与远处波托马克河的激流有着些许相似之处。手工削制的木地板铺成了人字形图案，为这些正式的房间增添了纹理的质感和色彩的深度。

上左: 带有穹顶的圆形早餐室别具一格，不仅拥有观赏波托马克河的全景视野，而且从日出到日落，一天当中都能享受到充足的阳光。**上右:** 家庭使用的楼梯坐落在走廊内部，与主楼梯有着同样的品质。遍布室内的古老灯具为住宅增添了永恒的观感。

右: 宽敞大气的厨房既美观又实用。岛式的餐台可以提供酒吧方式的座位就餐，下面的橱柜可以储存大型的炊具，在家庭举办娱乐活动时，还可以实现双重功能，作为自助餐台。墙面被大型的餐具橱柜包围，既雅观又方便。宽大窗户两侧的壁柜延伸到橱柜台面，将一些小型的装置和器件隐藏在内部，使厨房的外观整洁有序。窗口处还有一个座位，既可以用来休息，也可以在下面储存物品。

上: 为女主人设计的豪华主浴室将美观性与实用性结合在一起。左侧是更衣室和壁橱,窗前的梳妆台具有良好的自然采光。巨大的浴缸被大理石壁面和仿古镜面环绕,一端设有淋浴喷头,另一端则是洗手间。地面上有一圈用柔和的粉色大理石镶嵌的分界线,界线内部是铺成人字形图案的瓷砖,外部则是大块的理石。带有洗手盆的盥洗台是定制设计的,上面还有很多抽屉,使整个浴室显得优雅美观、整洁有序。

对页: 女主人的办公室位于"蝴蝶"平面布局的一个"翅膀"内,因此拥有三个方向的良好视野,并且全天都享有自然的光线。房间接近于正方形平面,适中的规模令人感觉安静和亲切,房间内的装饰线脚十分精致,还有定制的木制家具和一个具有古老风格的大理石壁炉。私人的办公桌区域则设置在凸窗的内部。

对页: 住宅的后部面对着波托马克河的一处河湾。在别具一格的“蝴蝶”平面布局中, 两侧的翼楼像张开的翅膀一样拥抱着大河, 也为家庭隔离出一个户外的私密空间。住宅还拥有卢德维琪瓦片覆盖的屋顶、装饰华丽的飞檐以及精工砌制的红砖墙面。主层的所有房间都通向一个青石覆盖的露台, 在那里可以欣赏河流的壮观景色, 也可以俯瞰下面的泳池, 这里的泳池并未按照惯例设置在前部和中心部位。

上: 青石露台的下面是一个长方形的凉廊, 与泳池处于同一平面。凉廊顶部一系列犹如“方巾”的拱顶构成了造型奇特的天花板, 也形成了一个引人注目, 却又倍感亲切的串连空间。凉廊的一端设有壁炉和宽敞的座位区域, 另一端则是一个大型的烧烤区域和一张巨大的家庭餐桌。(煤气装置由新奥尔良的 Bevolo 提供)

经典的殖民地复兴风格住宅

华盛顿特区

这幢历史悠久的石屋位于华盛顿著名的住宅街区，它的潜力从未被真正开发出来，却在过去的几十年内成为盲目扩建和奇怪改建的牺牲品。客户要求弗兰克和劳森事务所不仅要恢复住宅原有的华贵风貌，还要将其适度扩大以满足这个气氛活跃的家庭的各种需求。

这一项目的第一阶段是把内部的一些设施清除，腾出空间恢复住宅原有的中心大厅。新建的楼梯气势恢宏，不仅通向上面的卧室，还连通了新增的厨房。这部楼梯没有定位在住宅的中轴线上，这样可以划分出更大的空间用于休闲娱乐，也使楼梯两侧的区域以及优美的花园更为自然优雅地衔接在一起。穿过这个中心大厅，可以来到住宅后部经过扩建的露台，那里可以俯瞰现有的泳池和网球场。与同一层面的露台花园之间的连接方式也得到了改善，还增加了一间阳光浴房，在里面可以眺望这些花园。

在住宅的正面，新增了一座入口门廊和三个屋顶天窗，从而使这个丑小鸭似的住宅完成了华丽的变身。

住宅面积 :1115 平方米　**占地面积:** 0.4 公顷　**竣工时间:** 2015 年（第一阶段）
内部设计: 劳伦·利斯　**景观设计:** 斯科特·布里尼泽尔
摄影: 海伦·诺曼

AERO
NIBELUNGENLIED
CHRISTIANITY
KEMP
ELSIE DE WOLFE'S PARIS
CHARLIE SCHEIPS
EUROPE: AN AERIAL CLOSE-UP

前页:（左）在经历了无数次蹩脚的改建之后，这座住宅急需恢复原貌。当内部被彻底清理之后才创建了新的入口大厅，作为主层最重要的活动空间。创意大胆的新式古典机制木工框架将四副仿古风格的水粉画固定在室内的墙壁上。从墙面上古旧的镜子中可以看到新建的楼梯大厅，古老的大理石地面为室内增添了永恒的观感。**（右）**设计新颖大胆的楼梯从这个主要的空间中脱颖而出，直通上部各层。自然光线透过住宅前部新开的天窗洒向室内。一个充满动感的灯具和定制设计的楼梯栏杆为这座翻修的住宅增添了几许现代的色彩。

对页: 新增的两层翼楼上部设有阳光浴室和主浴室。它们的设计看上去仿佛是由一个过去年代的门廊封闭而成，给人以古老恒久的感觉。主体住宅内崭新的磨光石灰石地面与原来的石头墙面交相辉映、相得益彰。

上: 这个新建的图书室看上去似乎存在已久。带有多利安式壁柱的红木书架是定制设计的，它们之间形成的凸嵌线构成了新的壁炉架。在经常被忽视的石膏天花板上也增加了很多定制设计的装饰细节。

CAPRI

对页: 全新的客厅由原来的两个房间合并而成，并增加了一个大型的凸窗，提供了观赏后院的良好视野，同时还使大量的自然光线进入客厅内部。粗壮的壁柱将凸窗稳稳地固定，结实的挑檐将空间紧密地连接在一起，与石膏天花板上精雕细刻的细节形成了鲜明的对比。

上左: 更衣室内光线充足，并配有定制设计的精美木工橱柜，可以用来悬挂、放置各种衣帽和鞋子。乌木色的地板与亮白色的橱柜以及天花板上的壁纸形成了巨大的反差。一盏具有中世纪风格的现代吊灯令这里看上去更加完美。**上右:** 焕然一新的主浴室与下面的日光浴室十分相似，看上去好像一个随着时间推移而被封闭的门廊。大理石地面上醒目地排列出人字形图案，与内部的多利安式立柱形成了鲜明对比，为浴室增加了一些现代的气息。室内每侧的盥洗台和镜面清晰地划分出男女主人各自的区域。浴室内最具特色的设施是一个用镍合金框架和玻璃围合而成的淋浴间。

英式小屋

华盛顿特区

理查德·尼克松在担任副总统期间，和妻子帕特一起居住在这个位于华盛顿特区西北部的英国乡村风格的迷人小屋之中。与同时期的很多住宅一样，公共空间与服务空间彼此分离，厨房是独立的，并有专供服务人员使用的房间和楼梯。

一个年轻的家庭购买了这幢小屋之后，希望对其进行翻建，不只是要让房子变得更加开放和休闲，而且还要增加一些空间。弗兰克和劳森事务所通过将一些房间进行合并，以及开放的规划方案，不但满足了客户的全部需求，而且不需增加新的空间。原来的小酒吧区域被改成了一间办公室，一个封闭的门廊变成了一个小书房，曾经作为备用卧室的房间则摇身一变成为主浴室和壁橱。新设计的大型凸窗拥有观赏后院和临近公园的极佳视野。完成后的项目既有成熟端庄的风韵，又显得轻狂和时尚，呈现出奇妙的混合效果。

住宅的前部完美地融合在周边的迷人景色之中，后院有一个陡峭的斜坡，在那里可以俯瞰国立公园的美景。通过与景观设计师的合作，弗兰克和劳森事务所成功建造了若干露台、一个泳池和一个具有双重功能的大型草坪，在冬季，这块草坪可以改成室内冰球场。

住宅面积：883 平方米 **占地面积：**0.4 公顷 **竣工时间：**2010 年
内部设计：玛丽亚·克罗斯比·波拉德 **景观设计：**杰米·沃尔什
摄影：海伦·诺曼

4308

前页: 这座英国乡村风格的小屋主要采用粗石建造，个别位置以石灰石进行修饰和强调，屋顶用棕橙色陶瓦铺盖而成。成熟端庄的外部观感与充满朝气和阳光的内部形成了奇妙的对比。

上: 从入口大厅的哥特式拱门观望客厅的景象。天花板上所有的木料都是笔直的、水平的，并经过去皮处理，露出了原有的铅白色泽。**右:** 重新定制设计的门窗与室内随处可见的铅白色泽的橡木保持了一致的风格。对于这座历史悠久的住宅来说，这些既富有朝气，又包含着恒久底蕴的装饰是一种完美的补充。

后页:（左）主楼梯经过修复后恢复了原来的样子，诸如立柱这样曾经遗失的元素都是在历史文件中找到原样并进行复制的。原来有一道墙壁将厨房和服务区域与公共空间隔离，墙壁拆除之后住宅更加开放，正如从远处的厨房所看到的那样。**（右）**之前的正式餐厅现在变成了家庭活动室，并新建了一个配有滑动门的哥特风格开口，通向原来的配膳室，从而形成了一个充满家庭亲密氛围的用餐区域。墙壁的下部镶有护墙板，而天花板上有趣的壁纸和舒适时尚的家具使室内的装饰细节更为丰富。

THE WAY WE LIVE
DOLCE VITA STYLE
Princeton University
THE NEW GARDEN PARADISE

JOHN CURRIN
ALICE NEEL
SEA GLASS

左: 新厨房是原由来的服务厨房改建的，那里曾经是餐具室和小型的员工就餐区。这些空间被清除以后，重新整合成一个现代化的厨房，不仅拥有充足的储藏空间，还有充足的自然光线。经典的软木地板使厨房的色调显得更加柔和，也提高了耐用性。

上: 家庭餐厅的特色十分鲜明，靠墙设有定制的长条形软座，软木地板形成了条纹图案。

一幢城市别墅

华盛顿特区

这幢建于20世纪60年代末期的住宅实质上是一个由五部分组成的帕拉第奥式别墅，不幸的是，在设计的时候这种风格已经不再流行，原来的建筑师已经尽力使它的外观具有当时的时代特色。当弗兰克和劳森事务所为一个年轻的家庭翻建这座别墅时，显然需要做出一些重大而有意义的工作。

这项工程首先从恢复别墅原汁原味的古典风格入手。外观立面经过改造后可以直接进入到后面的花园。正面的阳台翻修后显得更加精致。在外部，新建的青石露台成为别墅后部与新增的草坪之间的过渡区域，被遗忘已久的后院因此变成了家庭娱乐活动的中心场所。

为了让行动不便的客人可以方便地在别墅中活动，还增加了一部升降梯。经过改进的厨房具有更大的空间，并配备了定制设计的木制橱柜和各种全新的装置和器具，功能更加全面。改建后的别墅安静优雅地依偎在都市一隅，阿特·劳森得意地说："很多邻居都难以相信这就是原来的那幢别墅。"

住宅面积： 915平方米　**占地面积：** 0.2公顷　**竣工时间：** 2010年
内部设计： 达瑞尔·卡特尔　**景观设计：** 杰米·沃尔什
摄影： 戈登·比尔

5200

右：大部分的内部房间都发生了明显的变化，最为显著的是入口大厅，那里原先只注重功能，平庸乏味的楼梯被新颖的螺旋式楼梯所取代。新的楼梯过渡平台将狭长的入口大厅分成了两个比例适当的空间。

后页：（左）客厅及餐厅视图，这些房间的重新改造为住宅内部创造了更好的流通性，对空间的利用也更加充分。原有的餐厅被改成了家庭活动室。**（右）**之前的餐厅成为家庭活动的中心，这里距离厨房和室外的露台很近。定制的书柜使室内的结构比例更具人性化，也使这里的装饰细节更加丰富，似乎回归了原本的品味。各种装饰使住宅看上去层次分明，令这幢翻修之后的别墅具有更为浓厚的恒久品质。

海滨度假别墅

特拉华州，里霍博斯比奇

受到客户自幼喜爱的路易斯安那克里奥尔风格的启发，这座新住宅被设计成这个大家庭的周末度假别墅。为了保持克里奥尔风格的特色，并具有观赏周围沼泽湿地风光的最佳视野，别墅的主楼层设置在了第二层。

家庭最常使用的房间大多位于别墅的后部，那里有一个大型的带有遮蔽的门廊，并设有室外厨房和用餐区域。泳池和露台都高出地面很多，即拥有观光的良好视野，又能享受海风的吹拂。但是它们的高度仍然低于上面的主客厅，不会阻挡那里的观光视线。在上部楼层的家庭走廊四周，环绕着六间卧室和一间设有双层床铺的房间。在地面层，设有客人套房和游戏室以及别墅的入口。另外，在门廊下面的环形车道旁还有一个带有顶棚的停车场。

住宅面积: 465 平方米 **占地面积:** 0.2 公顷 **竣工时间:** 2016 年
内部设计: 玛丽亚·克罗斯比·波拉德 **景观设计:** 弗兰克和劳森事务所
摄影: 戈登·比尔

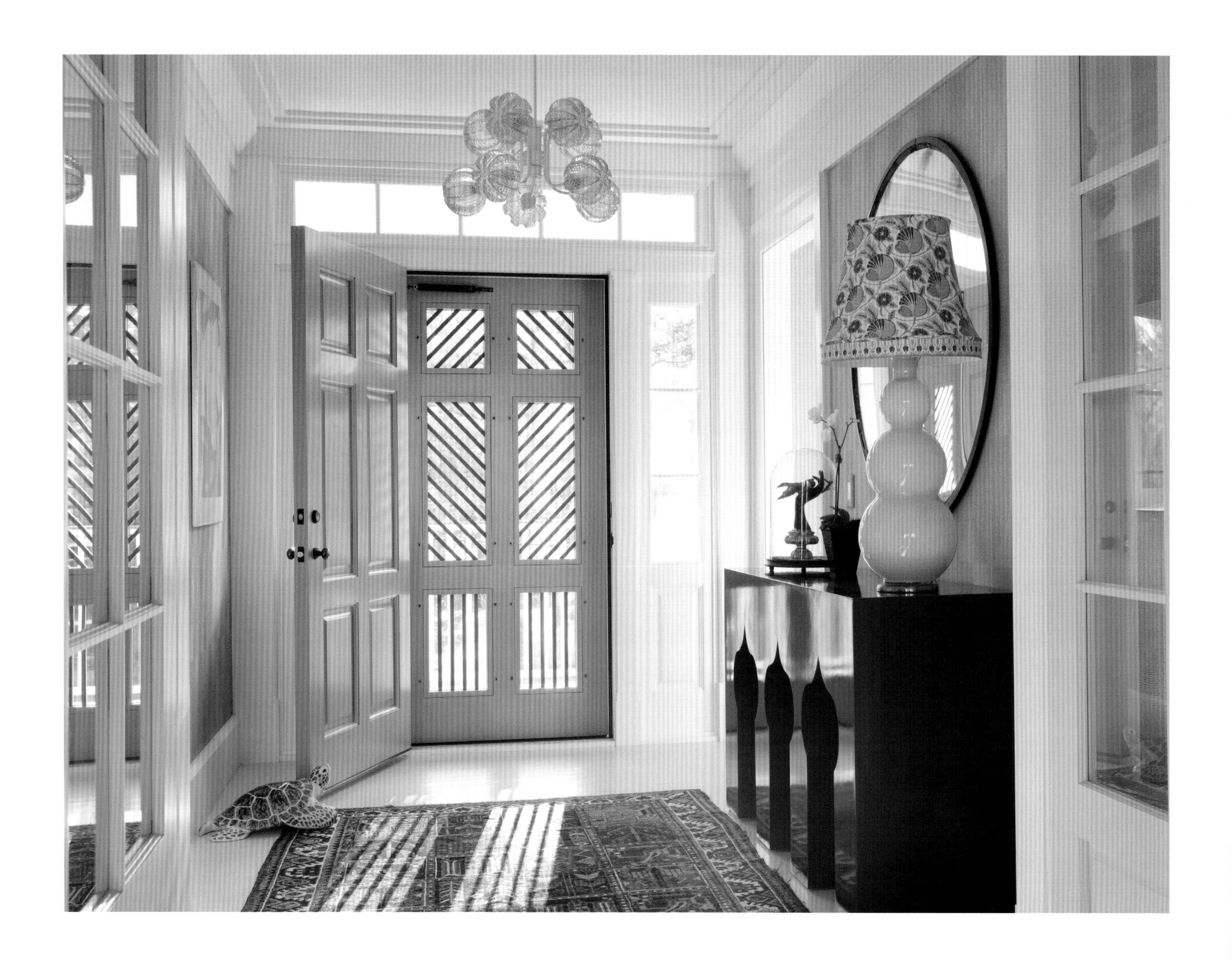

上： 入口大厅的屏蔽门上部设有采光的传统楣窗，侧面也有用于采光的小侧窗。住宅的装饰充分利用了海滨的特点，显得朝气蓬勃，涂饰后的地板也让住宅更加清新亮丽，增添了轻松活泼的气氛。

对页： 大型开放的家庭活动室是整个住宅的核心空间，木板镶成的天花板和精湛的木工手艺极具特色，与远处厨房的现代风格形成了鲜明对比。

后页：（左） 主浴室地面铺成的灰色和黑色相间的六边形随机图案显得别具一格，墙壁上竖直的墙板形成的图案颇具海滨风情。**（右）** 住宅的较低楼层设有两间客人套房，包括这个深受主人喜爱的游戏室、双层床卧室，室内的地面采用水务工程常用的砖瓦铺成，不仅清新亮丽，还有助于清理从沙滩归来后沾满泥沙的双脚。

哈马迪
建筑事务所

建筑是由集体智慧创造的艺术、工艺与它所处的景观环境相结合而产生的。建筑师在改变自然景观将其重塑入全新的文化意境之前，应该充分了解每一处特定的环境状况。每一个建筑都是通过普遍的设计原理，所投入的精神、才智、情感以及体力和精力，将这些了解塑造成永恒的、具有丰富意义的产物。要做到具有广泛和目的明确的意义，建筑学就必须与其他姊妹学科进行合作。在以客户为核心，建筑师和建造者为外围层次的环形结构中，每一个层次都会对最终的结果产生重要影响。从根本上说，建筑反映了文明社会文化发展的程度。

由卡里尔·哈马迪创建于1977年的这家事务所，把对每个项目相关的自然和文化环境的深刻理解放在设计的首要地位。事务所的所有设计都是根植于对自然和每个项目的特定文化背景深深的尊重和敬意之中。事务所的一切努力都基于经受得住历史和时间考验的原则和模式，并运用它们制定和指导设计的过程。同时依赖于传统的设计方法和手绘的图纸和图例以及传统的建筑艺术与工艺进行设计。每个项目都是以制定全面的总体规划为起点，通过对建筑、景观设计以及内部装饰之间固有关系的充分了解，以最佳的细节设计完成规划方案。

事务所的努力与尝试得到了古典建筑与艺术协会的认可，并在2013年(两个项目)、2014年和2016年一共获得四次斯坦福·怀特奖。此外，还分别于2015年获得了约翰·拉塞尔教皇大奖和国家帕拉第奥奖，2016年获得了查尔斯·布尔芬奇奖。

事务所关键的专业设计人士主要是卡里尔·哈马迪、彼得·洛伦佐尼、马克·杰克逊和莱斯利-乔·威克瑞。

“作为个体和集体记忆的容器，建筑是文明社会富有意义和持久的表现形式，
它所提供的保护性也体现了保存着文化记录和特性的道德准绳。”

蟋蟀山庄

康涅狄格州，格林威治

这座乔治亚风格的乡村别墅是由建筑师兼环保主义者埃拉尔德·A. 马蒂森于1930年设计的，置身其中可以尽享优美广阔的湖光山色。

在2005年，别墅目前的主人委托事务所对其进行翻新修复，并小心谨慎地在翼侧增加了新的建筑，从而使住宅的原始风味更为浓厚，整个住宅区域的景观布局也得到了改善提升。通过对指导初始设计的经典原理密切关注，以及对存在于建筑空间与周围景物之间本质关系的正确认识，我们把平面布局的纵向轴线与横向轴线的交叉点设在了住宅的中央大厅，两条轴线穿越住宅的主要空间区域，并一直延伸到远处的自然景观之中。

出于适度保持原有住宅规模的需要，新增的侧翼部分和翻新部分空间的设计都经过深思熟虑，并在设计中有所克制和保留。由于遵循了对精度和细节的严格要求，整个住宅的空间、体积的比例显得十分协调，外部和内部观感也极其优雅精致。

住宅面积：29平方米　**占地面积：**4.5公顷　**竣工时间：**2005年
内部设计：邦尼·威廉姆斯、邦尼·威廉姆斯室内设计事务所　**景观设计：**沃泰姆尔公司；加斯顿和怀亚特工艺制造；CJS
摄影：罗伯特·卢埃林

前页:（上左）新建门廊的柱顶楣构的细节。**（下左）**新建的窗口和西侧立面砖石结构的细节。**（右）**新建的前部庭院和改建后的东侧立面。

上: 从餐厅观看全新的中央大厅楼梯。

左: 高达三层的楼梯上方高悬的穹顶上立体感很强的错视画。

从对页上左顺时针方向：位于前厅新建的通往湖边露台的拱形通道细节图；透过翻新后的客厅纵观新建的图书室、画廊、中央楼梯大厅和书房；图书室手工雕刻的木制柱顶上有橡子的图案，象征着被住宅所取代的当地原有的自然景观；为图书室设计的爱奥尼亚式立柱结构草图；客厅内部的木工制品和镶板；客厅内部全新的木工制品和镶板，还有室内设计师邦尼·威廉姆斯设计的大理石壁炉架。

前页: 重新设计后的西侧立面、中心结构部分以及在南北翼侧增加的建筑。

上: 泳池露台上面棚架的细节。

对页: 带有棚架的厨房露台。

后页: 南面新增的侧翼建筑。室内外空间的排列次序都是经过反复推敲后确定的，人们可以从住宅的入口开始，进入并穿过住宅内部，然后再次走出到室外，进入到更加广阔的自然景色之中。

一栋新殖民地风格住宅

康涅狄格州，格林威治

这是一栋建于1920年的新殖民地风格的乡村住宅,坐落在一个中央公园周边的私有居住社区内。在2014年,住宅现在的主人委托事务所对其进行翻新修复,并设计了新的翼楼,从而使住宅的风格更具原味,整个住宅区域的景观也得到了改善。通过对指导初始设计的经典原理进行细致的研究,以及意识到存在于建筑空间与周围景物之间的本质关系,经过深思熟虑后确定了室内外空间的排列次序。人们可以从住宅的入口开始,依次看到车道、住宅、前院,经门廊进入并穿过住宅内部,然后再次走出到室外,进入到更加广阔的自然环境之中。在设计中采用纵横的轴线作为工具,用来规划内外部空间之间、住宅与花园之间的布局关系。并根据经典的设计原理合理组织空间布局,使内外部空间得到更为有效的利用。通过引入众多的雕刻元素以及采用具有暖色调和永恒品质的材料,将家族的历史融入到住宅之中,使住宅的恒久底蕴更为深厚。

住宅面积: 325平方米　**占地面积:** 1.62公顷　**竣工时间:** 2014年

内部设计: 苏珊娜·卡斯勒　**景观设计:** 凯瑟琳·赫尔曼,道尔·赫尔曼设计公司

加斯顿和怀亚特工艺制造;南茨五金器具;La Cornue公司;朗格工艺制造

摄影: 罗伯特·卢埃林

左: 户外层次分明的公园和改建后的南侧立面。
上: 从封闭的西侧花园观看新增翼楼的入口。**下:** 新建的南侧门廊。
从后页上左顺时针方向: 从餐厅露台俯瞰西侧的花园; 从后面的花园观望北侧的家庭露台; 东侧露台的格栅篱墙。

WINDOWS

前页:（左）通过内部轴线方向观望入口门厅、楼梯间、餐厅、带有格栅篱墙的露台和封闭的花园。**（上右）**中部楼梯间檐口的细节。**（下右）**从地下室一直延伸到三层的楼梯。

对页: 从全新的厨房内纵观早餐室、家庭活动室、带有格栅篱墙的露台和未来的规则式庭院。内部高标准的木工家具运用了修长的细节表现手法，使室内的举架显得很高。

上左: 酒吧木制托架上手工雕刻的七叶树图案细节。**上:** 新酒吧内木制托架的设计图。**左:** 酒吧壁炉上手工雕刻的镶板象征着家族文化的传承

磨山农庄住宅

弗吉尼亚州，阿尔伯马尔县

环抱于群山之中的农庄给处在中心位置的住宅带来了更好的私密性和保护性。中心位置有一座被石墙环绕的圆形小山丘，远处就是连绵不断的山峦。靠近小山丘中心的地方栽种着一棵根深叶茂的无花果树，而住宅则位于这个中心区域的北部边缘，处在森林与田野的交界处。农庄的入口位于一条小溪的旁边，驱车进入后沿着一段平缓上升的林间小道蜿蜒前行，便可到达住宅的东侧。这里的风景线依地形地貌而不断变化，崎岖的山路一直延伸到住宅屋脊所在的轴心线上。由于后面是一个缓坡，住宅向南面延伸，使住宅以及大部分房间都可以获得充足的日光和月光，同时还能尽享拂过田野的习习微风。从最初设计的根本意图来看，整个住宅的结构仿佛一尊雕塑，不仅体现出自然的形态，在公共和私有空间的布局上也遵循了传统的建筑序列模式。

住宅面积：557 平方米　**占地面积：**243 公顷　**竣工时间：**2010 年
内部设计：卡里尔·哈马迪；莱斯利-乔·威克瑞　**室内装饰顾问：**马奎斯·弗朗索瓦
摄影：罗伯特·卢埃林

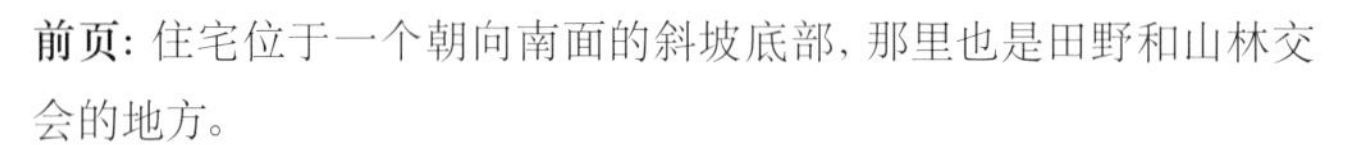

前页: 住宅位于一个朝向南面的斜坡底部，那里也是田野和山林交会的地方。

上和右: 通过森林从东面进入住宅的道路。呈弯曲形式的主干结构以及住宅的形态和细节的表达方式令人想起弗吉尼亚风光的特色与共性，突出强调了住宅与其周边景观的关系。

后页: (**左**)与周围景观中的形态相呼应的入口门廊。(**右**)主卧室的阁楼。

从对页左上顺时针方向：朝南的客厅门廊；客厅门廊的细节；朝向北面密林丛生的山丘的弧形家庭活动室和主卧室；透过客厅的一个窗口可以看到内部拉起的威尼斯式帷幔和点亮的灯光。

上：与山丘造型类似的住宅北侧外观。

后页：（左）朝向南面的客厅侧翼。客厅是最重要的公共空间，在这里以及它的门廊内可以看到南面最远处的风景，而餐厅则接近林地一侧。家庭活动室将客厅与餐厅连接在一起。**（右）**客厅的内部设计和家具陈设。

上: 壁炉架的设计细节以及主卧室的陶瓦装饰。

对页: 餐厅的内部设计和陈设图。设计意图和结果显示出为适应特定的文化和自然环境而对经典设计原则所做出的改变，其目的在于创造一种前后相关的建筑影响。

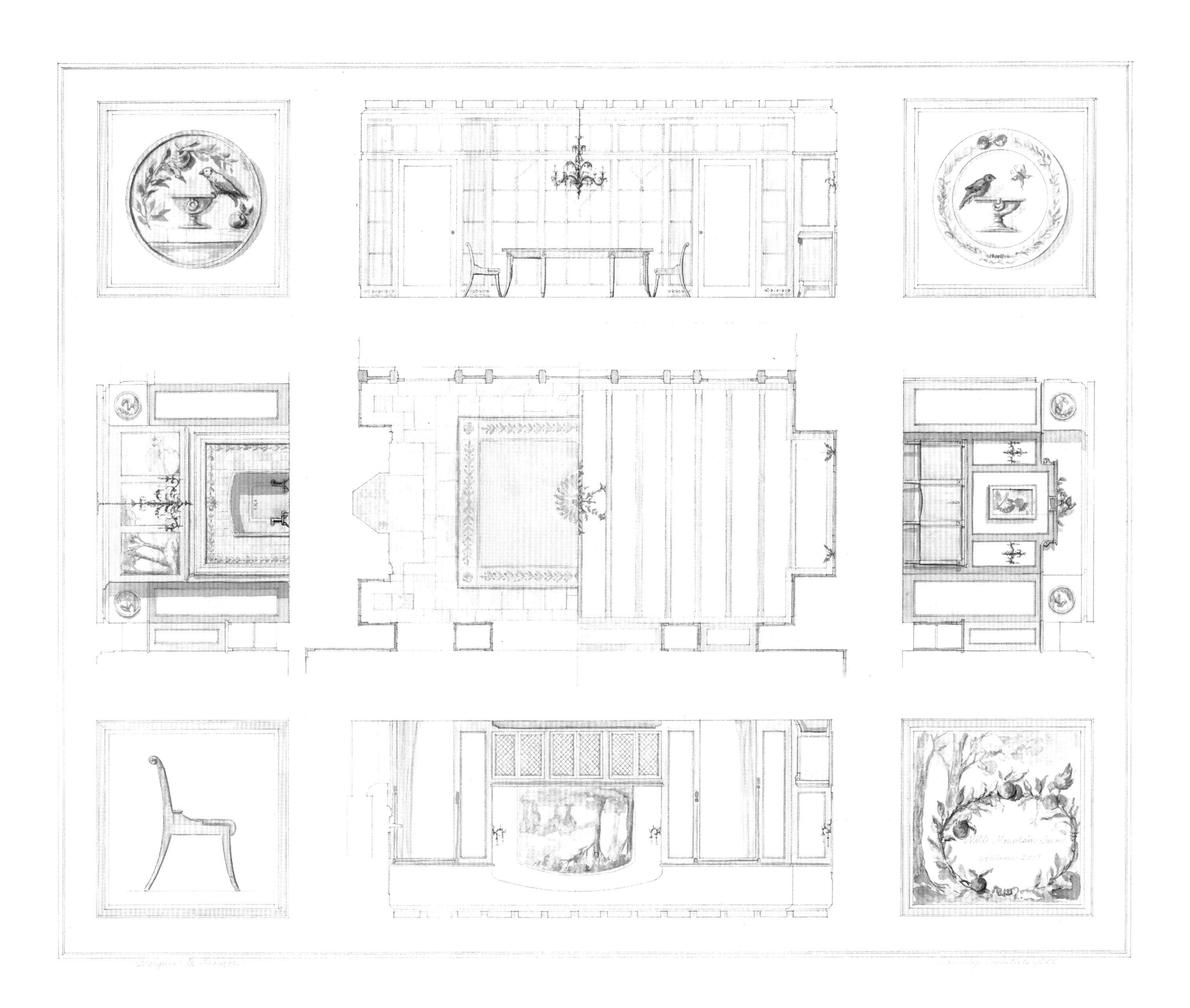

山居

西弗吉尼亚州，白硫黄泉镇

该地位于一座山脊的顶端，三面带有陡坡的地形类似一个半圆锥体的形状。西面有一条跨越崇山峻岭的私家道路可以将游客带到大山的尽头，在那里可以将北面、东面和南面的峡谷以及田野和群山的壮观美景尽收眼底。尽管这里有着引人入胜的壮丽景色，但是要在这种地形条件下设计一个方便进出，并带有可停放车辆的前院、户外露台和车库的大型住宅绝非易事。

为了保持住宅与该地和周围景色的和谐关系，在设计中包括对山顶进行开凿，从而使住宅能够完美地镶嵌在山顶之上。用手工打造的各种建筑造型也与山峦的形态遥相呼应。最终，一座具有人文景观特色的住宅耸立在高山之巅。沿着山路驱车行驶，最后可以缓慢向下驶近住宅的南侧，经过一个车辆通道的大门进入车库，那里是住宅的前部和西面，保留着大块的土地。尽管这里的地形地貌对建造工作是一个巨大的挑战，但是最终还是为房主创造了一个将文化认同与自然景观和谐融为一体的山地住宅。

住宅面积： 557 平方米　**占地面积：** 6 公顷　**竣工时间：** 2010 年
内部设计： 卡洛琳·塔克斯，来日室内设计公司　**承包商：** 罗博·瓦斯，斯特林工程公司
摄影： 罗伯特·卢埃林

前页: 入口处的车辆门道。

对页: 透过带有格栅的车库廊道观望住宅的东北侧立面和露台花园。

顶部: 东北侧立面外观。**左:** 从二层露台上观望东北侧花园。**上:** 屋顶的飞檐细节。

上: 水彩绘制的部分东南侧立面图。除了体现出自然的形态之外，住宅还蕴含着很多对于房主具有文化意义的建筑元素（即，类似火车站拱门托臂的结构，给人以忙碌和活跃的印象，与房主的家族传统有着相似之处）。

对页: 从前部庭院观望客厅的门廊。

后页: **(左)** 从门厅的圆窗所看到的视野。**(右)** 位于住宅中心部位的客厅是最为公共化的空间。横跨于南北轴线上的草坪露台拥有俯瞰北面峡谷的视野，一个突出的门廊带有石头砌成的壁炉，在这里更能感受到住宅与周围自然环境的和谐统一。

约翰·米尔纳建筑事务所

约翰·米尔纳事务所的负责人将他们的企业描述为一个由专业设计人员组成的合作团队，通过来自于欧美经典传统建筑的灵感创造新建筑、保护老建筑。为此获得了无数建筑界的荣誉，也将事务所与独特而多样化的文化遗产紧密地联系在一起。约翰·米尔纳于美国庆祝独立二百周年之际建立了这家事务所，之后，他的合伙人玛丽·沃娜·迪娜黛和克里斯托弗·米勒，以及同事克里斯蒂娜·卡特尔、贾斯汀·戴特维勒、帕特里克·麦克多诺、斯科特·欧巴尔、布拉德·罗德尔和爱德华·惠勒也纷纷加入其中。他们同事务所设计与技术工作室的人员一起，在制定具有当代特色的设计方案时，充分研究和理解过去经典建筑在设计中所遇到的困难，以及如何通过客户、建筑师和技术人员的共同努力来解决这些困难。由于对历史建筑的保护和修复工作也是他们建筑实践中不可或缺的组成部分，他们对历史上不同时期、不同风格的建筑所体现的基本建筑原理和细节也十分精通。

在住宅的全部设计过程中，古典主义风格的原则始终伴随其中。设计以住宅的选址为开端，并同时制定出应对该地特定环境特征的解决方案。在此基础上制定的设计方案也是在特定的背景之下对客户需求的完美解读。创造一种发现意识也是事务所设计方法的重要组成部分，因此，住宅本身的特色以及与所处地点融合的特点会随即显现出来。对于涉及历史建筑的修复与改造项目，尊重原设计者的意图，保留原建筑具有重大意义的特征是项目责任管理的重要标志。精湛出众的建筑工艺长期以来在事务所的工作中发挥着突出的作用，因为对于项目的实现、丰富内涵和独特个性，工匠和技术人员的贡献是必不可少的。当提到古典设计风格对日常生活产生的影响时，事务所的一位客户说出了下述精辟见解。

“住宅的布局清晰明确、井井有条，使简朴有序的生活得到了提升。每一个房间似乎都有特定的功能，并散发出亲切、私密和幽静的气息，它几乎就是各种圣殿的精品荟萃。”

新式乡村住宅

宾夕法尼亚州，维拉诺瓦

对于那些为气氛活跃的家庭设计具有古典主义品质住宅的客户和建筑师来说，爱德温·勒琴斯爵士的设计和对古典主义的诠释总会浮现在他们的脑海里。这座住宅在外观设计上以传统的和更加正式的乔治亚风格元素及细节与本地材料的混合运用为特色。

住宅的内部也独具特色，在一层，一系列正式和非正式的空间纵向连接，并与主楼梯相接。从侧翼房间的大型窗户进入的自然光线十分充足，使内部的通透感更强。更为正式的空间，包括门厅、客厅、餐厅和图书室，均可提供观赏周围景色的开阔视野。住宅与自然景观之间也紧密地结合在一起，户外的空间适合所有季节的活动，包括一间兰花房、一个带有凉亭的池塘花园、若干玫瑰园、扦插园和室外露台。这些花园成为结构化、形式化的住宅与自然和野外之间的过渡区域，也打造了一种错落有致，类似乡村风格的景观。

住宅面积: 790 平方米　**占地面积:** 6.9 公顷　**竣工时间:** 2006 年

内部设计: 高蒂尔 - 史黛西设计公司　**景观设计:** 乔纳森·奥尔德森景观事务所　**承包商:** 格里菲斯工程公司

摄影: 马特·沃尔戈建筑摄影; 汤姆·克莱恩摄影

EDWIN LUTYENS
THE GREATER PERFECTION
Lesieur

前页：(左) 正面入口带有印第安纳式石灰石雕刻门框和含铅玻璃气窗，外部的灯具是一个古老的英式壁突式烛台。**(右)** 从入口大厅半开的前门可以看到远处的入口庭院。

对页： 图书室内可以看到带有石膏装饰的天花板，仿乌木的书架从地面一直延伸到屋顶。

上： 内部设计中精美细致的传统细节和更有现代美感的元素形成的反差，营造了一个充满活力的家居环境。与厨房相邻的家庭活动室内有一个用石头和铜材制作的壁炉，上面有一个凸起的石灰石炉台。

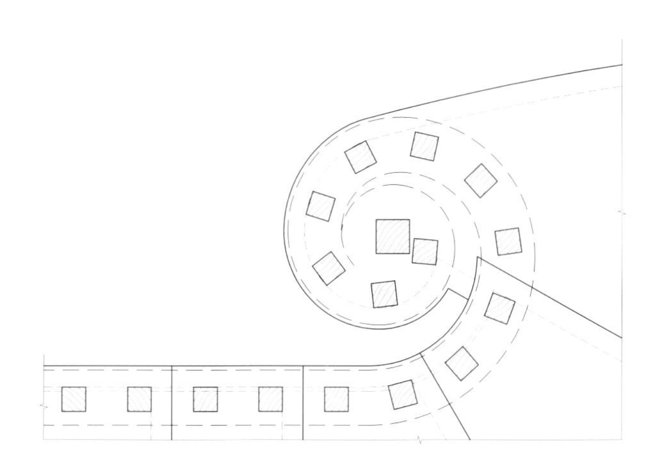

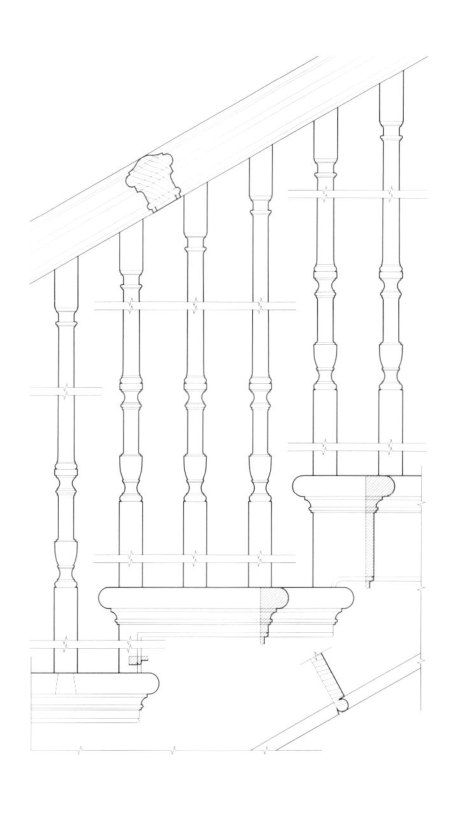

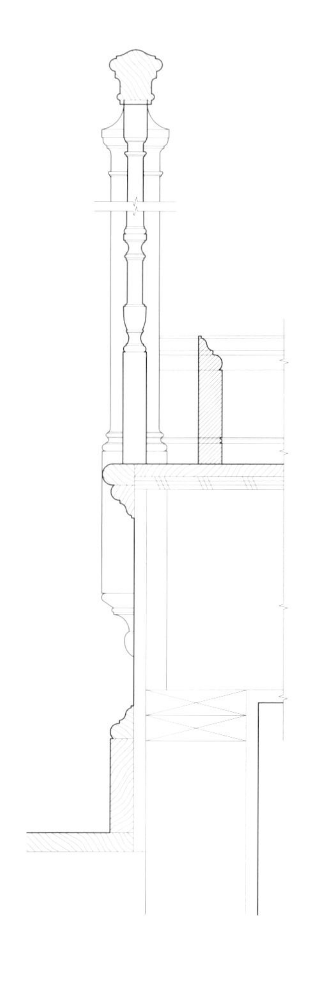

对页: 正式的餐厅内有一个带有镶板的壁炉，并与客厅和楼梯大厅直接连通。高高的大花板和石膏墙壁未进行过多的装饰，只是点缀着客户收藏的各种艺术品。

顶部左: 新古典主义风格的壁炉细节，带有手工雕刻的垂花饰和壁架。

顶部右: 纵向观看贯穿排列的主楼梯的底部、入口大厅和远处的图书室大厅。**上和右:** 楼梯构成部分的细节，包括被截短的楼梯踏板和定制而做的栏杆柱。

木瓦风格住宅

新泽西州，亚特兰大县

这是一座全新的住宅，坐落在新泽西海岸一个得天独厚的地理位置上，住宅的两侧是广阔的沙滩，北面、东面和南面则是壮观的景色。为了与大西洋海岸中部地区木瓦风格的乡土建筑保持一致，事务所充分利用该地的有利条件，建造了一座保持了传统木瓦风格细节和比例规模的住宅。住宅的外观以两种色调的雪松木瓦板、经过涂色的托架和镶板以及佛蒙特石板铺盖的屋顶为特色。在规划中，为了具有观赏海景的最佳视野，将二层设置为主要的活动空间，而一层和三层作为次级空间。一层设有一个正式的入口门厅和一些用于娱乐的空间，可以直接通向主露天平台、室外厨房和游泳池。遍及住宅内部的木工制品在细节上与木瓦风格保持了一致，天花板上由栅板组成的图案也很有特色。整面墙壁都覆盖着镶板，并嵌入了无数的壁橱和长凳。

住宅面积：520 平方米　**占地面积：**836 平方米　竣工时间：2016 年
内部设计：埃伯莱因设计咨询有限公司　**景观设计：**罗宾逊·安德森·萨默斯公司　**承包商：**切洛基建筑
摄影：汤姆·克莱恩摄影

前页：黄昏时刻的东北侧立面，展现了一层和二层木瓦结构立面呈喇叭状展开的特点，与当地的木瓦式住宅极为相似。从第三层上的私家平台可以俯瞰壮丽的海景。

对页：（从上左顺时针方向）从入口处观看东北方向的凉廊；高出地面的 IPE（硬木）平台位于挡墙的上方，创造了一个将住宅两端包围的休闲区域，从这里可以方便地进入海滩，也可以看到东北面的凉廊和远处的大海；在入口大厅内观看前门和主楼梯；一层和二层之间的主楼梯。

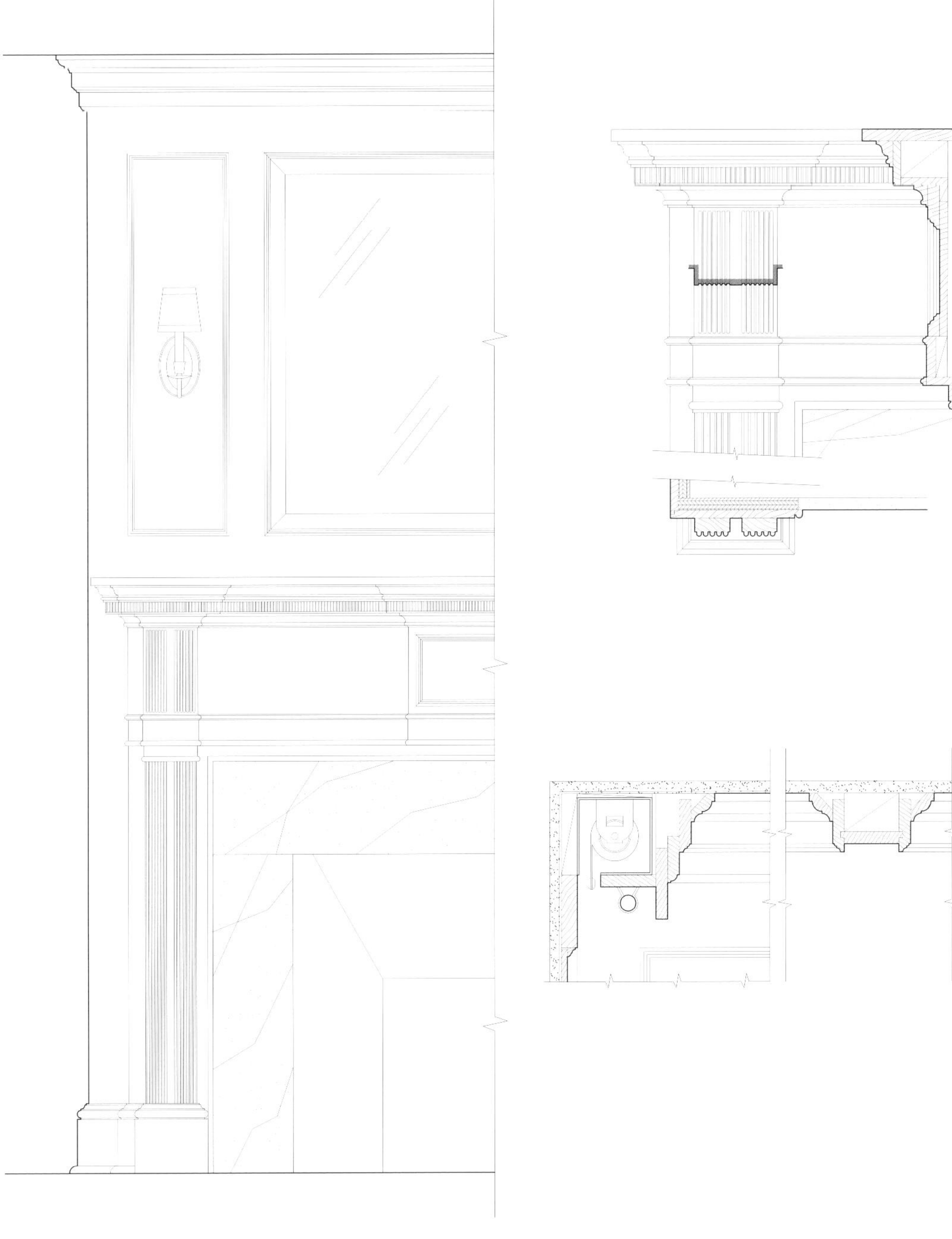

左: 在第二层（主层）上设有一个正式的客厅以及一个与开放式厨房和封闭门廊相通的餐厅。该层还拥有一圈开放式的阳台，站在上面可以俯瞰下面的平台和泳池，也可以眺望远处的大海。
上: 定制设计的白橡木壁炉架的细节，其灵感来自于该地区19世纪中期的范例。

哥特复兴风格教堂

宾夕法尼亚州，费城

这座由建筑师詹姆斯·皮科克·西姆斯设计的具有哥特复兴风格的教堂建于1876年至1880年，并于1892年根据建筑师弗兰克·弗内斯的设计进行了扩建。教堂坐落在费城以19世纪排屋为主的街区环境之中，独树一帜的外观规模和韵味对相邻的建筑是一种完美的补充，使传统的街景产生了十分奇妙的效果。这个项目的指导原则就是既要保持建筑独特的外观和内部特色鲜明的建筑元素，同时精心引入关键元素，使位于市中心的教堂悄然转变为带有开阔户外私有空间的住宅。建筑外观上原有的哥特风格门窗和开口、砖头砌成的图案、细节精致的木饰以及引人注目的石板屋顶都得到了恢复。此外，还增加了一个单车位车库，并在庭院的一侧新建了一个小巧的玻璃凉亭，这不仅将花园连接在一起，还使人们能够在入口内部看到户外的景色。创建的私人区域主要用于就餐、闲坐、欣赏音乐和各种娱乐活动。最终，这座历史悠久的教堂所体现的宏伟庄严气势与现代的家居特色和谐地交织在一起。

住宅面积： 492平方米　**占地面积：** 613平方米　**竣工时间：** 2016年

承包商： 切洛基建筑

摄影： 汤姆·克莱恩摄影

1915

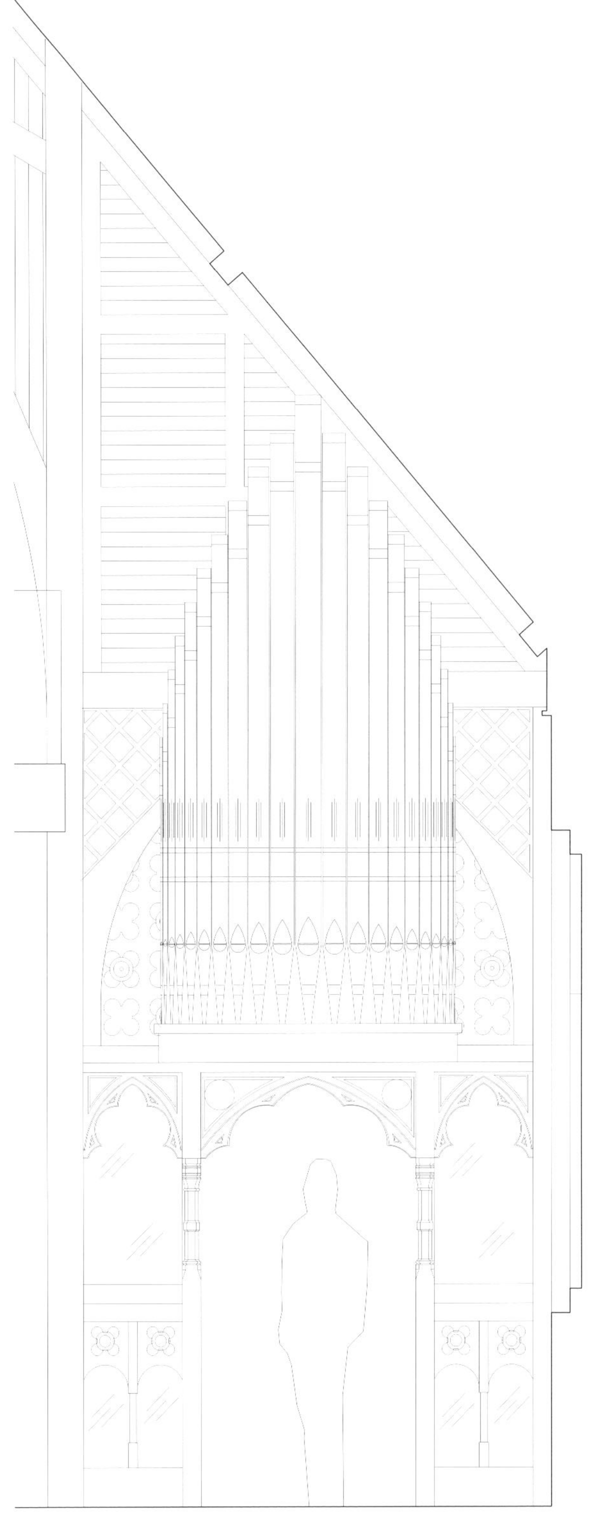

对页: 中殿（朝东）高悬的天花板由木制桁架构成，此外还有粉饰一新的砖墙和含铅玻璃窗，这里是主要的聚会空间。

左: 风琴虽然被拆除，但是复原了两排风琴管，涂上了彩绘并被重新安装在大厅平台的两侧。**上:** 重新安装的风琴管细节展示。

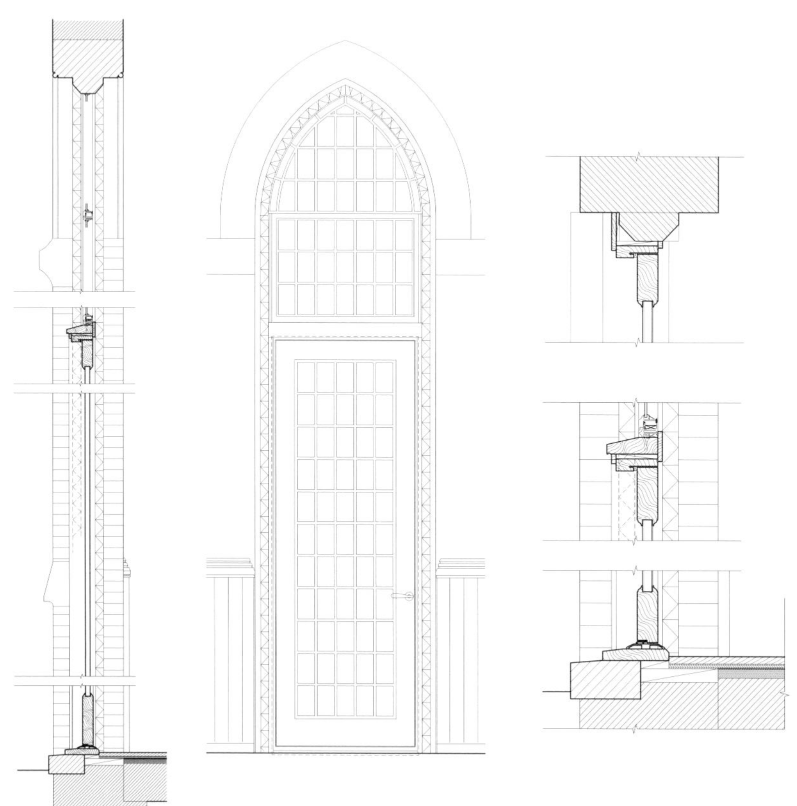

顶部、右: 高坛被改造成两层高的图书室，在较低层的生活区域内有一个定制建造的混凝土燃气壁炉，将图书室的一部分与中殿隔离。

上: 对一扇原有的含铅玻璃窗进行了修改，成为一扇带有含铅玻璃窗的木门，可以直接通向庭院。

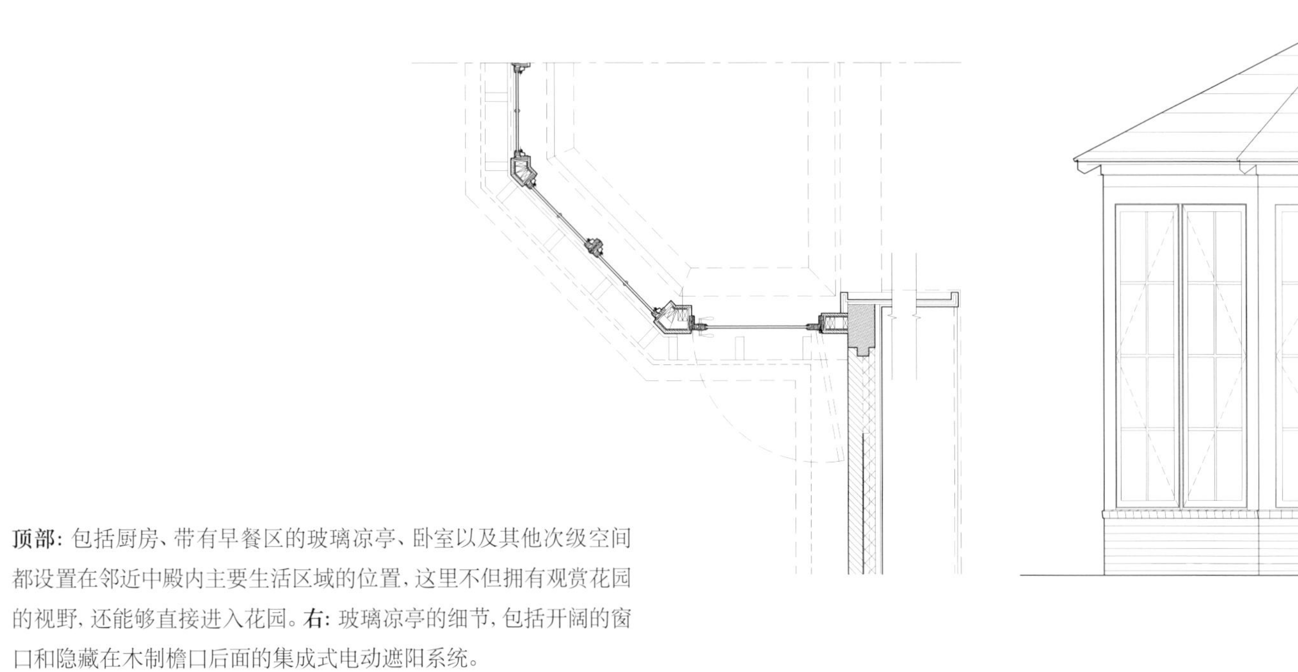

顶部：包括厨房、带有早餐区的玻璃凉亭、卧室以及其他次级空间都设置在邻近中殿内主要生活区域的位置，这里不但拥有观赏花园的视野，还能够直接进入花园。**右：**玻璃凉亭的细节，包括开阔的窗口和隐藏在木制檐口后面的集成式电动遮阳系统。

对页：从厨房内原有的拱门内可以看到远处的入口大厅。

create

阿金库尔住宅

宾夕法尼亚州，切斯特县

阿金库尔是一座全新的都铎式住宅，它所在的住宅区是费城最大、最完整的住宅区之一，同以高层建筑为主的干道毗邻。住宅位于一个缓坡之上，从而最大限度地利用了东面、南面和西面的地貌和景色。住宅内设有一系列非同寻常的空间，包括一个家庭影院、一个带有古老韵味酒吧的娱乐室、一个类似爵士乐俱乐部的音乐室和一个室内泳池及水疗中心。站在横贯南侧立面的石头露台上，可以俯视一个被砖制挡土墙环绕的大草坪。住宅的石头和半木结构立面是采用加工过的石料建造的，具有当地“Wissahickon 山谷片岩”的特色。固定的木质构件之间以粉饰的灰泥进行填充。住宅还有一些其他的重要细节，比如，用佛蒙特石板铺成的陡斜的屋顶上带有山形墙和女儿墙；铜制的导雨管具有很强的装饰性；砖结构的烟囱采用了荷兰式砌合法，装饰性的石灰石元素也随处可见。包括北侧立面一扇凸窗在内的木制门和窗扉，复制了看似钢制的狭窄的门边木、窗边木和栏杆，并由经过切割的石灰石砌成的边框环绕在内。住宅外部的建筑主要包括两座三车位车库，位于大草坪一角的花园凉亭，一个眺望凉棚和一些装饰性的木门。

住宅面积：1349 平方米 **占地面积：**44 公顷 **竣工时间：**2013 年
内部设计：KingsHaven Design **承包商：**Pohlig Builders
摄影：约书亚·麦克休

前页: 后部立面显示出采用的"L"型平面布局是如何便于内部畅通，并使每个房间都具有最好的外部视野，同时还让内部空间的分布更为合理。

本页和对页: 一层包括一个宏伟的入口大厅，顶部的天花板带有石膏带状饰。还有楼梯大厅、餐厅、图书室、客厅、厨房、家庭活动室、兰花厅和客人套房。入口和沾泥物品寄存室的大门是从附近一个都铎复兴风格的住宅回收利用的。古老的灯具也是回收利用的，并以 KingsHaven Design 的原创设计进行补充。

对页: 楼梯的缓步台上用镶板覆盖的墙壁，上面有定制的含铅玻璃壁橱门。

上左和右: 楼梯转角处的支柱和楼梯大厅拥有定制设计的大麦色栏杆和支柱，其灵感来自于詹姆斯一世复兴时期的经典样例。**上:** 室内的立面图和截面图细节显示出隐藏在镶板之间的一道暗门。

后页: **(从左至右)** 兰花厅；图书室细节；花园凉亭内的室外壁炉。

诺曼式复兴风格住宅

宾夕法尼亚州，费城附近

这栋具有法国诺曼式复兴风格的住宅依偎在费城附近一处私人领地之中，其外观的设计明显受到了当地法式乡村建筑风格的影响。整个住宅的布局以一个带有围墙的花园式庭院为中心，庭院内设有姿态各异的水景，侧面还有优雅的长廊。住宅的外墙由手工压制成形的暗红色砖头砌成，并以木炭色的砂浆和陶瓦进行修饰，用陶瓦铺盖的屋顶仿佛精雕细琢的雕塑品。窗户由钢制窗框构成，窗扉上镶有含铅玻璃，从窗内可以眺望外面斜坡上的草坪以及对面的池塘景色。

按照客户的需求，建筑师将舒适精美的生活空间设置在了一楼，用于接待宾客的房间则放置在二楼。尤为重要的是，这座住宅与相邻的住宅和干道相隔较远，位于一个私有的环境之中，住宅内部的空间规模也相对较小。因此，内部的空间也显得更为亲密，并陈设了定制设计的细节精致的木工家具，天花板上有精美的石膏装饰，地面铺设了径切的橡木地板。还有一个楼层专门为工作繁忙的客户而设计，这样的空间布局更适合享受休闲放松的生活。

住宅面积：557 平方米　**占地面积：**1.42 公顷　**竣工时间：**2008 年

景观设计：乔纳森·奥尔德森景观事务所　**承包商：**E.B. Mahoney Builders, Inc.

摄影：唐·皮尔斯摄影公司；汤姆·克莱恩摄影

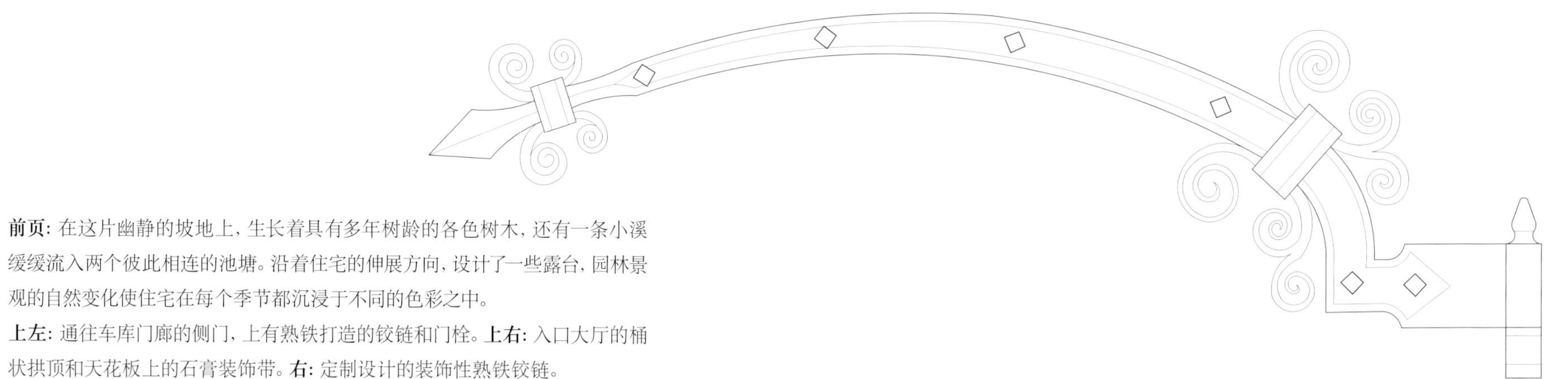

前页: 在这片幽静的坡地上，生长着具有多年树龄的各色树木，还有一条小溪缓缓流入两个彼此相连的池塘。沿着住宅的伸展方向，设计了一些露台，园林景观的自然变化使住宅在每个季节都沉浸于不同的色彩之中。

上左: 通往车库门廊的侧门，上有熟铁打造的铰链和门栓。**上右:** 入口大厅的桶状拱顶和天花板上的石膏装饰带。**右:** 定制设计的装饰性熟铁铰链。

对页: 家庭活动室内手工劈凿的桁架和大理石壁炉架别具特色。

金斯利滨水住宅

马里兰州，牛津

金斯利是位于马里兰州牛津的一座占地 61 公顷的滨水住宅。这座新住宅的设计灵感来自于 18 世纪早期威廉斯堡的建筑风格，同时利用了该地区的有利条件，并融入了客户个人的见解。尤为重要的是，这座建筑是对 18 世纪工匠精神的一种赞颂，也表现了对他们留给世人的精湛技艺的深深敬意，正是他们以自己对设计和比例关系的内在理解创造了无数的建筑。

住宅内部空间的门窗布局与外部立面基本一致，显得十分庄重，并运用了一些 18 世纪的传统设计元素。但是同时也体现了现代风格的一面，以适应休闲的生活方式。在一层，客厅、餐厅和厨房都朝向水面一侧，而门厅、楼梯和入口空间都沿着入口立面纵向排列。在二层，主卧室以及相关的空间也都朝向水面。

虽然这座住宅初看上去似乎有着纪念碑一样威严庄重的气势，实际上住宅却具有十分亲切的观感和规模，为一直欣赏 18 世纪建筑并受益于滨水生活的客户创建了一座理想的住宅。

住宅面积: 282 平方米　**占地面积:** 61 公顷　**竣工时间:** 2015 年
内部设计: 芭芭拉·吉赛尔设计有限公司　**承包商:** 海姆公司
摄影: 唐·皮尔斯摄影公司

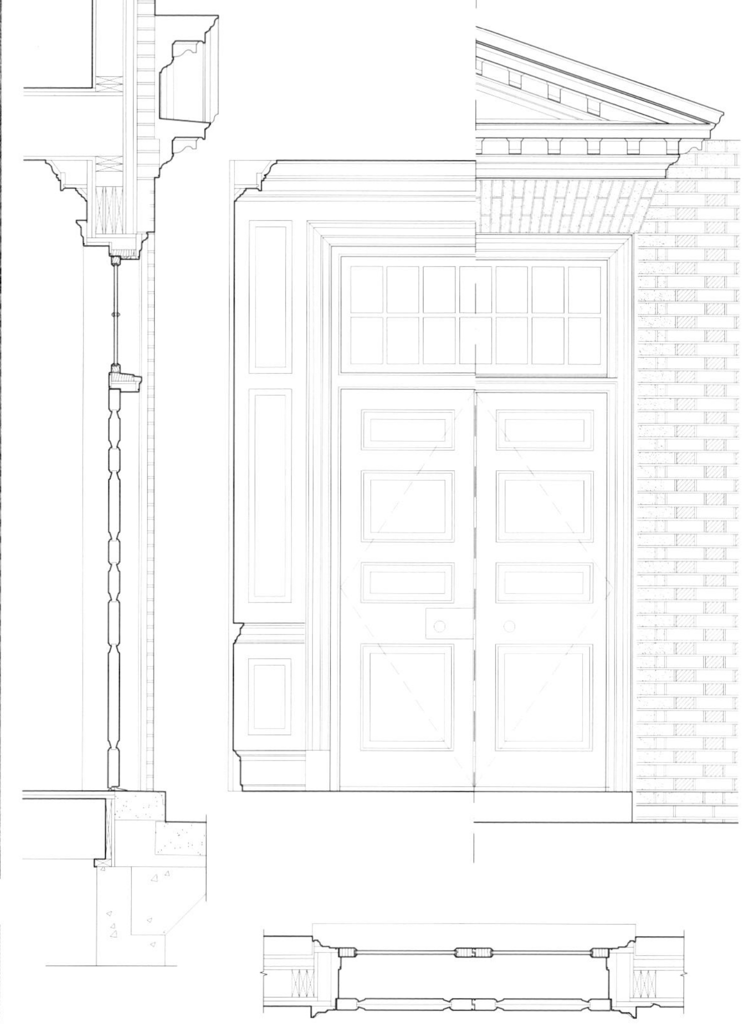

对页: 住宅和分离的车库之间的景象，住宅的三面都是花园并可以看到远处的水面。

上左和左: 外墙采用手工压制成型的红砖砌成，并通过荷兰式砌合法用突出的釉面砖构成了装饰性图案，与红砖的细节形成鲜明的对比。窗框和门框都运用了榫卯结构进行固定，室内的木工家具也使用了榫卯结构，并采用了手工剖面。倾斜的屋顶采用厚重的雪松木盖屋板进行覆盖。朝向水面的一侧设有一个一层楼高的门廊，门廊两侧是一系列户外空间。**上:** 正面入口细节。

后页:（从左顺时针方向） 就餐区域和远处的厨房；入口大厅到就餐区域的情景；厨房；从就餐区域观看入口大厅；从正式的餐厅内可以看到客厅及壁炉和远处的楼梯大厅。

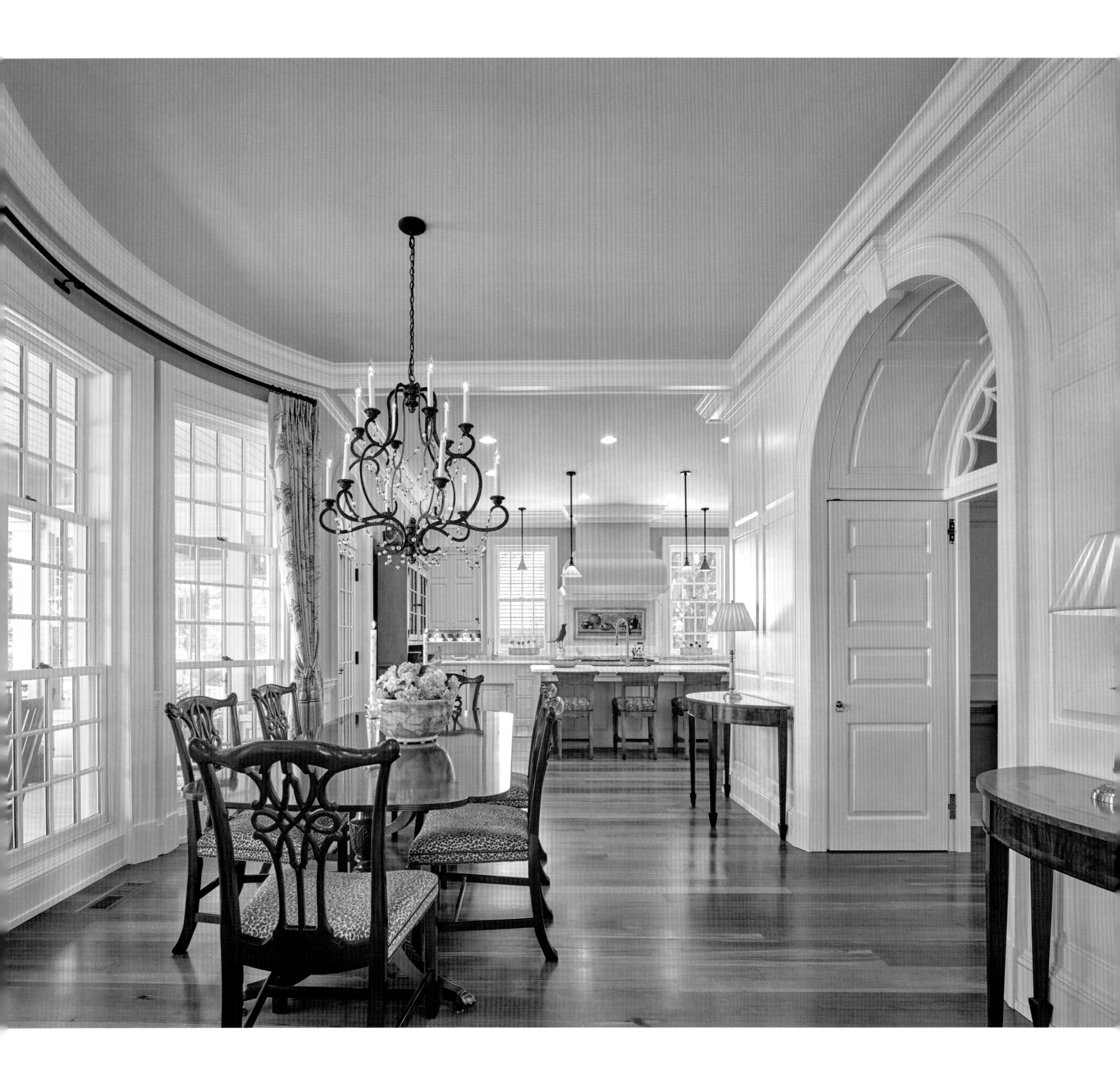

肯·泰特
建筑事务所

建筑师肯·泰特把自己描述为一个直觉敏锐的古典主义者，直觉和古典主义者这两个词很少能在同一句话中出现。尽管直觉意味着想象力、不可预测性和无意识的创造性，但是古典主义者这个术语却意味着在古典建筑表达方面值得信赖的条理清晰和具有理性的人物。在理论上，很难把握这种明显对立模式的结合。但是，当人们走过泰特设计的住宅时，就会逐渐清晰地领会到建筑师的意图。完美的比例、优雅的纵向排列（一系列房间和门道彼此之间排成直线）和古典风格的立柱给人一种整洁有序和安逸宁静的感觉。非对称的平面布局上，房间的风格雅俗兼有、各不相同，创造了一种轻松的人性化环境。

泰特解释说："我喜欢古典主义，但是我不会机械照搬，也不是书呆子。"他的每一个项目的创作过程都是不同的，每个住宅设计的演变和形成主要受到以下几个因素的影响，包括当前的场地条件、周边的自然和建筑环境以及客户的审美眼光和物质需求。但是，在泰特的每一个项目中，这种从头至尾都很独特的方式是通过直觉、想象力和对建筑语言的深刻理解而实现的。

如果客户要求一种特定风格的住宅，例如联邦式或者乡村法式，泰特便会深入研究这些习语的内在意义，以寻求正确答案，比如：住宅如何与周边环境实现最佳融合？需要什么样的材料和技艺能唤起与风格相关的舒适感和优雅感？需要哪些修改来适应这个项目？

当坐在绘图板前面的时候，泰特并不是以理性的"左脑"来处理这些问题的，而是喜欢使用一种他所描述的融入法。2000年，在回答克莱姆·拉宾创办的《时代住宅》杂志的记者时，泰特说："在那一刻，我就进入到了正在研究的各种风格的精神世界之中，然后去感受什么是对的，什么能让它看起来似乎一直就在那里。"在泰特看来，由此产生的住宅"看上去有些似曾相识，但是，如果你试图找到与其相似的建筑，却未必能够成功"。

"当一个人凭借直觉而不是任何先入为主的意图时，他就能获得一个感觉正确的解决方案。"

新式老宅

田纳西州，纳什维尔

在田纳西州纳什维尔历史悠久的贝尔米德地区，这座929平方米的住宅表达了本地化自然发展的概念——住宅随着时间的推移而不断成长、演变的方式。住宅由类似田纳西的粗石谷仓、乔治亚风格的住宅、联邦复兴风格的翼楼和新增的殖民地复兴风格建筑构成。

由于泰特对不同时期的材料和工艺的专注研究，使这些整合在一起的结构仿佛建造于两个世纪之前。这种方式不仅使设计大型住宅来适应房主的现代需求成为可能，对于周边的殖民地复兴风格住宅，在风格和规模上也是一种有效补充。尽管比附近住宅的规模要大得多，但是泰特通过把整体划分为更小组成部分的方式，使住宅看上去并不庞大。

住宅面积：929平方米　**占地面积：**9848平方米　**竣工时间：**2004年
内部设计：埃尔文 & 怀特设计公司　**景观设计：**查尔斯·斯蒂克、约瑟夫·霍奇森
摄影：蒂莫西·邓福德、戈登·比尔

前页:（左）入口大门的细节设计具有联邦风格的特点，而门廊的墙壁则是用切割磨制的木块做成的，看上去犹如琢石的效果。**（右）**前门精致的细节设计同样出现在门的内侧。

对页: 希腊复兴风格的早餐室，可以透过三面的悬窗观赏绿意盎然的室外景观，窗间是方锥形的多利安式立柱。

上左: 在美国殖民地风格的住宅主体内，正式的餐厅被"重塑"回联邦风格。

上右: 这些乔治亚式拱门完美地将两道走廊连通在一起。

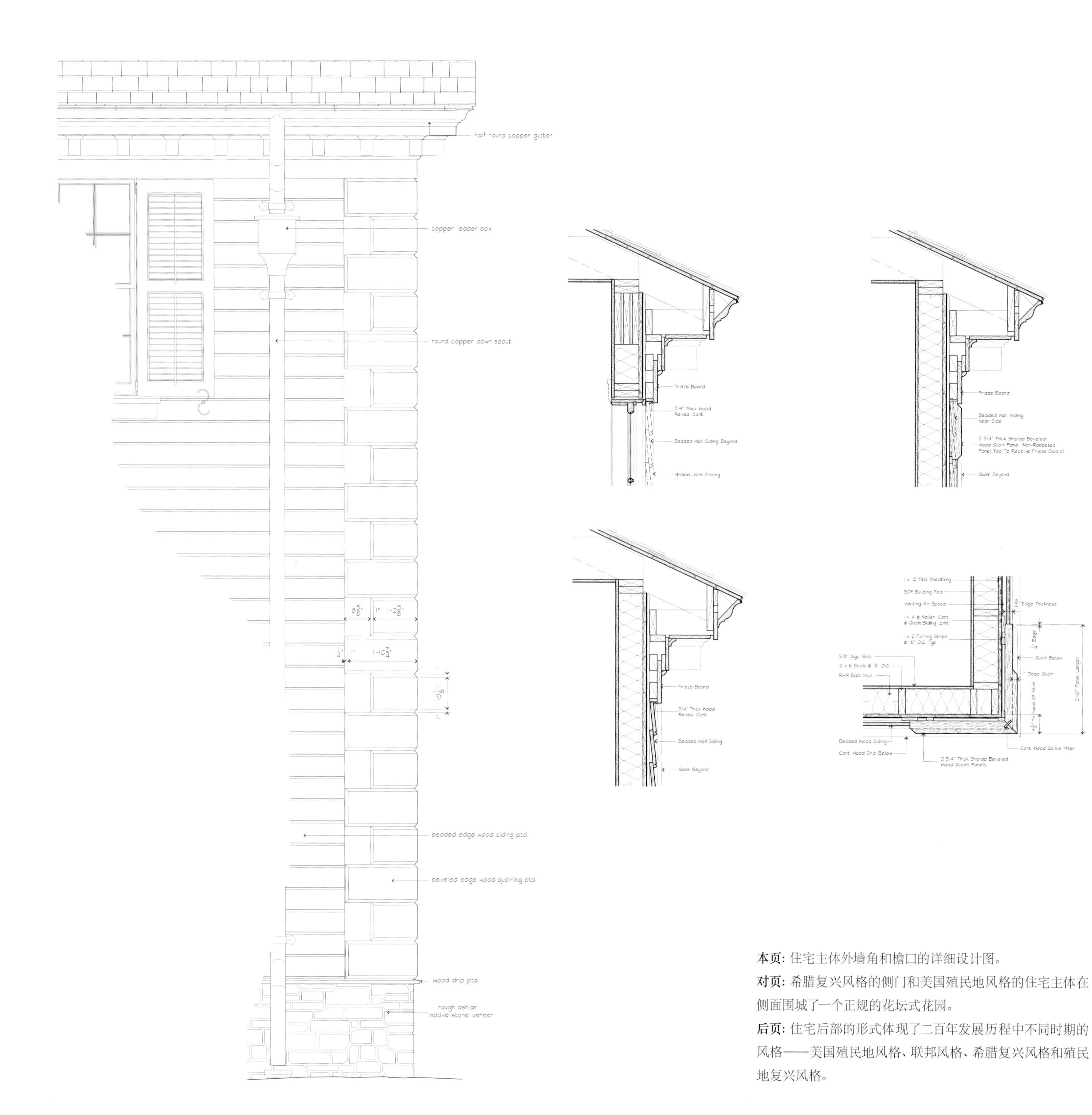

本页: 住宅主体外墙角和檐口的详细设计图。

对页: 希腊复兴风格的侧门和美国殖民地风格的住宅主体在侧面围城了一个正规的花坛式花园。

后页: 住宅后部的形式体现了二百年发展历程中不同时期的风格——美国殖民地风格、联邦风格、希腊复兴风格和殖民地复兴风格。

城市别墅

路易斯安那州，新奥尔良

这座面积为 1189 平方米的住宅结合了安德里亚·帕拉第奥式建筑的古典元素，令人想起地中海复兴风格的浪漫特色。住宅不仅向新奥尔良景色非凡的圣·查尔斯大道表达了敬意，还令其大为增色。受到帕拉第奥设计的维琴察方形教堂的启发，住宅的外观以单层的门廊为特色，并带有用切割的石头制成的拱门，上面是带有栏杆的露台。门廊的这种效果被简洁的总体外观显著抵消，从而没有抢走周围建筑的风头。坐落在街边一角的住宅还拥有地中海复兴风格的优美外观，包括铁艺大门、二层的凉亭和一座塔楼。为了满足客户的艺术收藏，肯·泰特在内部设计了平滑的石膏墙壁和简单的门窗框架，并在天花板上装饰了交叉拱、桶形穹隆、大梁和镶板。

住宅面积: 1189 平方米 **占地面积:** 2508 平方米 **竣工时间:** 2016 年
内部设计: 格里·布雷默曼 **景观设计:** 加文·杜克（佩奇 / 杜克景观设计事务所）
摄影: 蒂莫西·邓福德、弗雷德·利希特

前页:（左）前部门廊带有帕拉第奥式列柱、壁柱、拱门和石膏交叉拱顶，还有青铜铸造的灯笼。（右）在前部门廊的阶梯上通过敞开的大门可以透过住宅看到后部的凉亭和远处的花园。

上: 从入口大厅通过敞开的前门观望前部大门和圣·查尔斯大道。石头铺成的地面上有用黑色玛瑙和宝石组成的图案。

右: 客厅里光滑的石膏墙壁、石灰处理过的仿古橡木横梁和带有雕刻的古典支架。

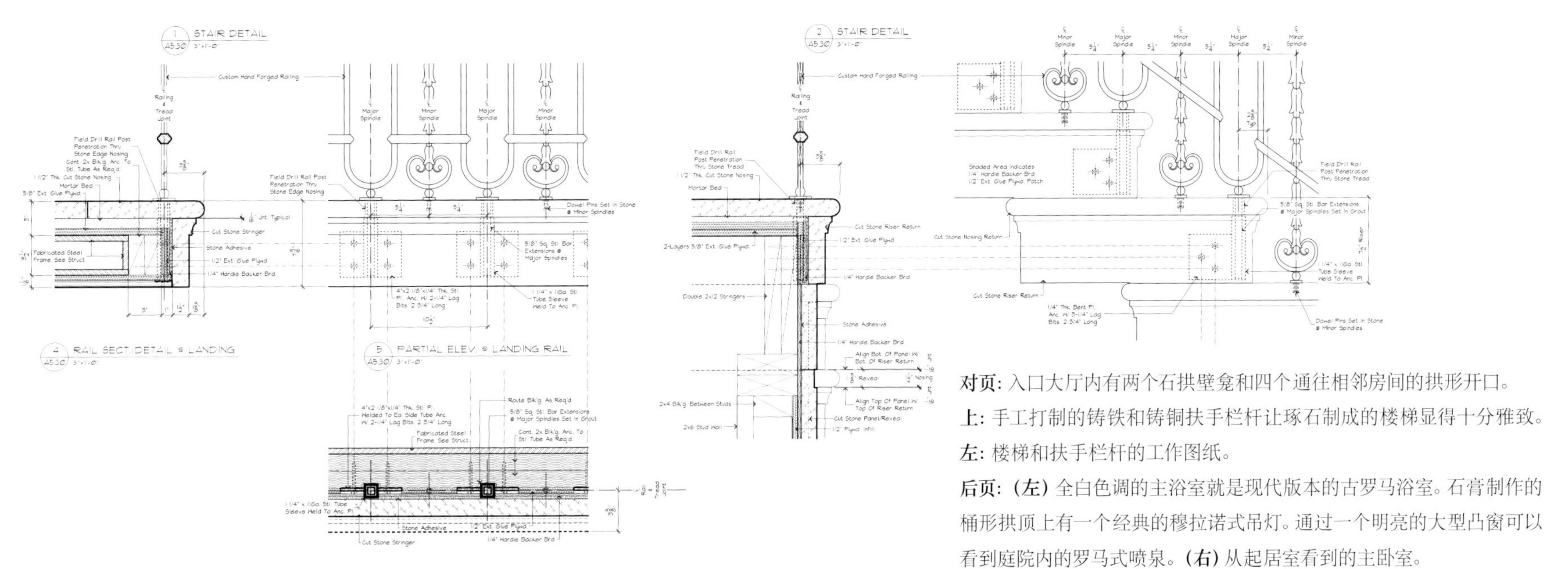

对页: 入口大厅内有两个石拱壁龛和四个通往相邻房间的拱形开口。

上: 手工打制的铸铁和铸铜扶手栏杆让琢石制成的楼梯显得十分雅致。

左: 楼梯和扶手栏杆的工作图纸。

后页: (左) 全白色调的主浴室就是现代版本的古罗马浴室。石膏制作的桶形拱顶上有一个经典的穆拉诺式吊灯。通过一个明亮的大型凸窗可以看到庭院内的罗马式喷泉。**(右)** 从起居室看到的主卧室。

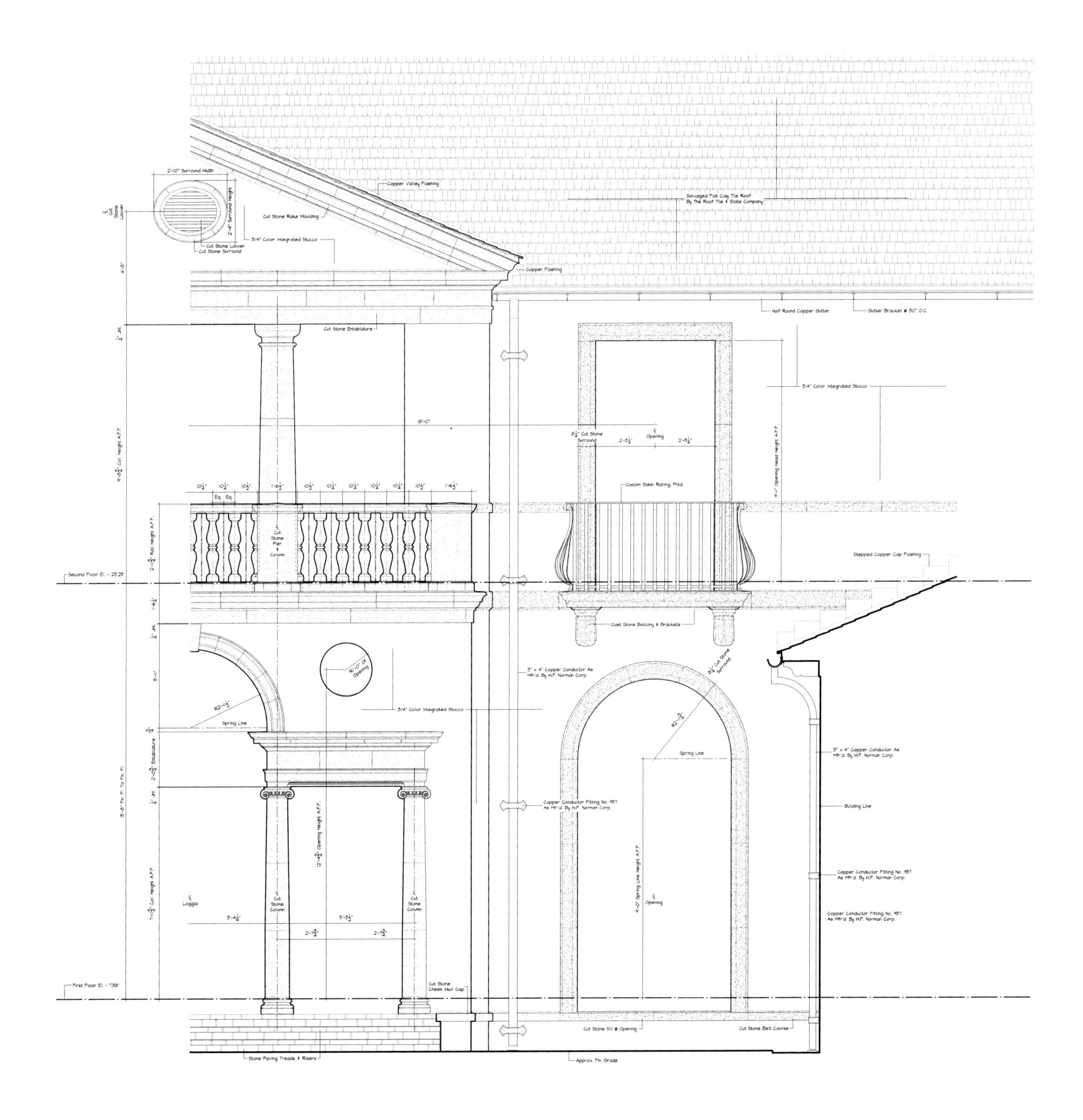

对页: 后部的凉廊十分宽敞，可以用于家庭聚会和接待大量的客人。左侧的钢制门窗沿着内部走廊布置。通过大门可以直接通入前面主卧室的休息区域。

上: 住宅主体后部中心部分立面的详细工作图纸，这里显示出二层后部的凉廊位于一层凉廊的上部。

前页：(左) 这种爱奥尼亚式和帕拉第奥式的琢石开口围成了优美的庭院花园和泳池区域。罗马式喷泉是这个空间里的中心饰物，喷泉的装饰罩面形成了一个具有古典风格的界标。**(右)** 这里是城市中的一片绿洲，有深蓝色的泳池，每个角落都设有盆栽的柠檬树。左侧是泳池配套房间，右侧是主卧室的侧翼（和凉亭）。远处带有山墙的凉廊和喷泉让我们犹如处在一个经典的意大利式空间之内。

对页： 这个庭院的视图可以看出二层上带有山墙和多利安式立柱的凉廊，位于一层带有爱奥尼亚和帕拉第奥式开口的凉廊上方（仅显示出部分）。远处的塔楼让外部世界也能知道这个空间的存在。草坪是为将来举行帐篷聚会而设计的，罗马式喷泉正好作为帐篷的中心饰物。

上： 街道一侧的入口和客人停车场位于经典的意大利式塔楼下方，具有更多本地特色的类似农舍“马厩”的建筑位于右侧。侧面入口上方的凉亭 / 阳台都设有通向媒体室的大门。

殖民地复兴风格住宅

田纳西州，纳什维尔

这座面积多达 1115 平方米的住宅位于田纳西州的纳什维尔，是对殖民地复兴时期富有创造性的折衷主义的现代诠释。泰特采用了 20 世纪 30 年代联邦复兴风格建筑的形式，用灰泥和砖结构的墙面使门廊和类似拱廊的侧翼建筑显得更为突出，表现了更广泛的风格。住宅的中央是一个受到乔治亚式风格影响的大厅，内部设有悬臂式楼梯。这个大厅通往正式餐厅和一个亚当式休息厅，它们都带有华贵的乔治亚式线脚。在厨房和家用餐厅，经过涂绘的镶板、以及天花板上交叉的横梁令人回想起 20 世纪中期殖民地复兴风格的内饰特点。泰特将优雅和随意的氛围结合在一起，在翼侧设计了家庭的客厅，客厅内设有高调的帕拉第奥式门道和乡土特色的铜制立式屋顶，但是没有采用乔治亚式的镶板和原始的木框天花板结构。

住宅面积：1115 平方米　**占地面积：**7203 平方米　**竣工时间：**2006 年
内部设计：兰迪·加德纳　**景观设计：**佩奇 / 杜克景观设计事务所
摄影：蒂莫西·邓福德

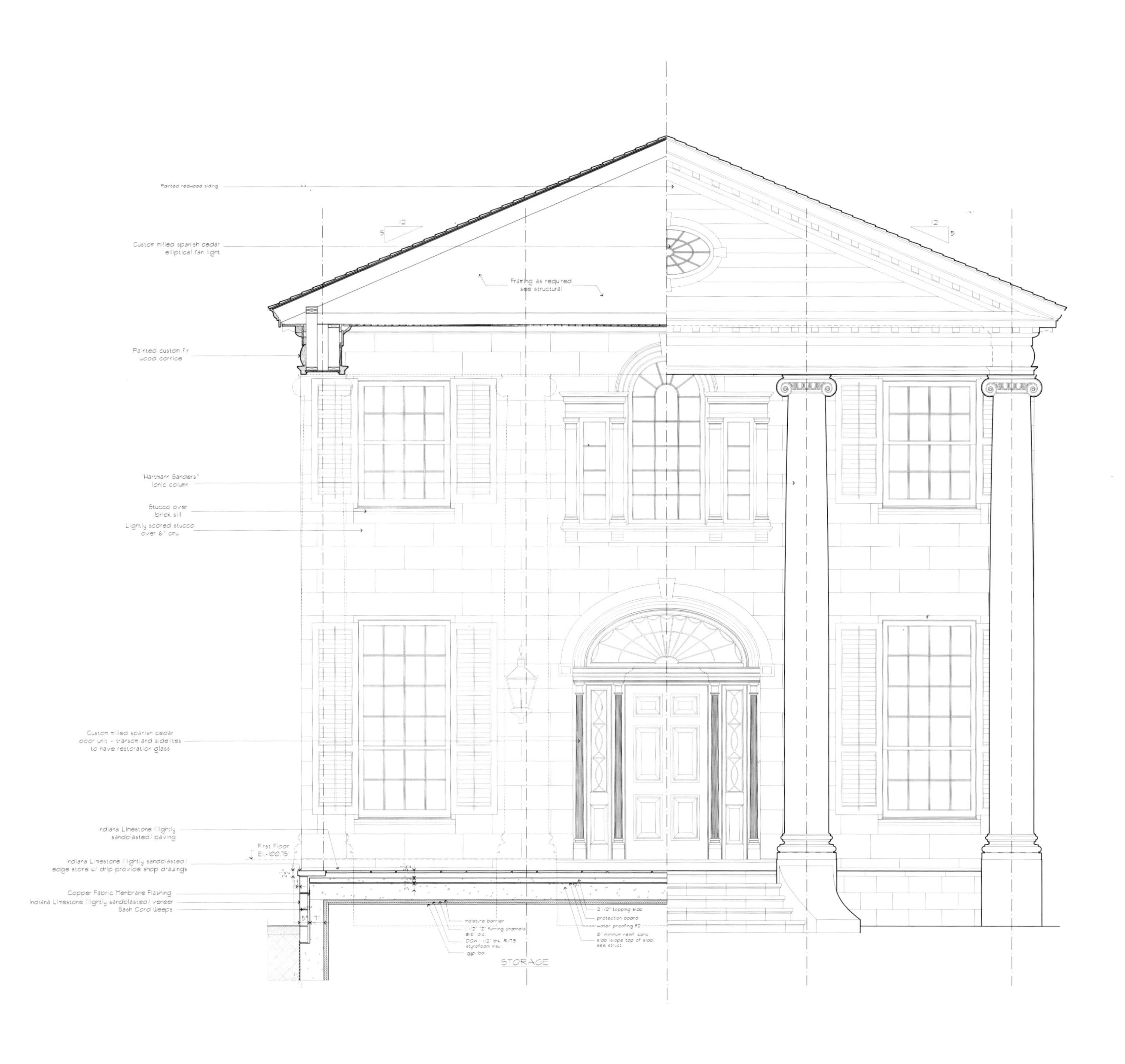

Painted redwood siding
Custom milled spanish cedar elliptical fan light
Framing as required see structural
Painted custom fir wood cornice
"Hartmann Sanders" Ionic column
Stucco over brick sill
Lightly scored stucco over 6" cmu
Custom milled spanish cedar door unit - transom and sidelites to have restoration glass
Indiana Limestone (lightly sandblasted) paving
First Floor El.-100.75'
Indiana Limestone (lightly sandblasted) edge stone w/ drip provide shop drawings
Copper Fabric Membrane Flashing
Indiana Limestone (lightly sandblasted) veneer
Sash Cord Weeps
moisture barrier
1 1/2" "Z" furring channels @16" o.c.
DOW 1 1/2" thk. R-7.5 styrofoam insul.
gyp. bd.
2 1/2" topping slab
protection board
water proofing #2
8" minimum reinf. conc slab (slope top of slab) see struct.
STORAGE

前页：(左) 前部门廊的工作图纸显示了住宅一半的立柱和前部的山墙，另一半则没有显示。这是为了更好地展现出帕拉第奥式窗户和石膏刻线。**(右)** 前门的横窗和侧窗上采用了精美的花饰窗格。门廊的墙壁上刻有灰泥的印迹，犹如用经过切割的石头砌成，这也是美式、乔治亚式和联邦式经常采用的惯例。

对页： 入口大厅是方形的，并且在纵横两个轴线上都是对称的。这就使得方形的石膏交叉拱顶可以从较低的檐口拱起，檐口与四条椭圆形拱脚线相切。

上左： 中部高达两层的楼梯大厅十分宽敞，木制的乔治亚式悬臂楼梯精美别致。楼梯的梯级竖板犹如用涂绘的木板镶成的立体盒子，而扶手栏杆由胡桃木制成，表面的装饰处理如同家具一般。**上右：** 楼梯大厅二层的缓步台有一个人工的灯饰，它其实是悬吊在阁楼上的（光线是从屋顶的天窗进入的自然光）。这么做是为了取得一种特殊的建筑效果。

后页：(左) 后部的爱奥尼亚式门廊，带有齐本德尔式栏杆，构成了一个类似亭阁的家庭活动室。两扇大型的帕拉第奥窗（房间的两侧各有一扇）和玻璃圆顶使大量的自然光线进入到采用木框结构并带有涂绘镶板的家庭活动室。**(右)** 后部的房屋主要是左侧"加上去的"希腊复兴风格的泳池配套房间，还有正前方的联邦式住宅主体。

巴哈马复合住宅

巴哈马群岛，新普罗维登斯

这座 743 平方米的住宅位于新普罗维登斯的奥尔德福德（旧堡），由于地处半岛，拥有观赏水面的全景视野。住宅具有地道的英国殖民地时期特色，散发出殖民地时期巴哈马风格的魅力，这种建筑风格结合了乔治亚风格的庄重和加勒比风格的简洁特点。完美的对称布局和古典式门廊以及正面外观都具有乔治亚风格的美感，而白色的灰泥、木瓦和简洁明快的细节则带有明显的巴哈马味道。与早期的岛屿住宅一样，住宅主体和翼侧建筑都只有一个房间的进深，以使微风能够顺利通过。从正面分离出来的翼楼带有支撑百叶窗和托盘式天花板，不仅具有强烈的本地特色，还有利于空气的流通。古典的优雅气质和纯粹的当地材料以及完善的功能结合在一起，让这座住宅呈现出无限的美感。

住宅面积：743 平方米　**占地面积：**5528 平方米　**竣工时间：**2015 年
内部设计：戴维·克莱因博格　**景观设计：**肯·泰特
摄影：蒂莫西·邓福德

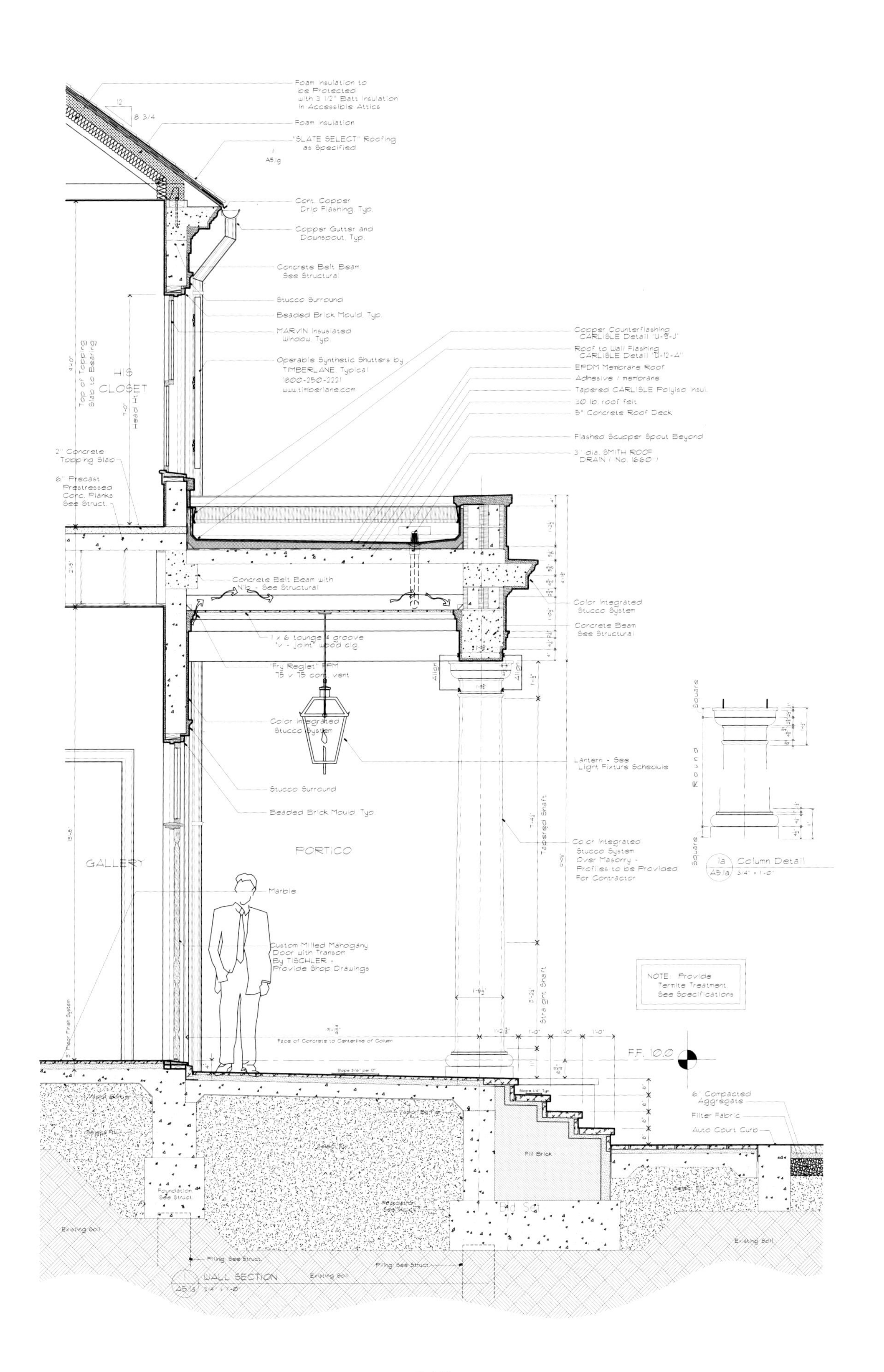
Foam Insulation to be Protected with 3 1/2" Batt Insulation in Accessible Attics
Foam Insulation
"SLATE SELECT" Roofing as Specified
Cont. Copper Drip Flashing, Typ.
Copper Gutter and Downspout, Typ.
Concrete Belt Beam See Structural
Stucco Surround
Beaded Brick Mould, Typ.
MARVIN Insulated Window, Typ.
Operable Synthetic Shutters by TIMBERLANE, Typical 1800-250-2221 www.timberlane.com
Copper Counterflashing CARLISLE Detail "U-9-J"
Roof to Wall Flashing CARLISLE Detail "U-12-A"
EPDM Membrane Roof
Adhesive / membrane
Tapered CARLISLE Polyiso Insul.
30 lb. roof felt
5" Concrete Roof Deck
Flashed Scupper Spout Beyond
3" dia. SMITH ROOF DRAIN (No. 1660)
Top of Topping Slab to Bearing
HIS CLOSET
Head Ht.
2" Concrete Topping Slab
6" Precast Prestressed Conc. Planks See Struct.
Concrete Belt Beam with Nib - See Structural
Color Integrated Stucco System
Concrete Beam See Structural
1 x 6 tounge & groove "v - joint" wood clg
"Fry Reglet" FPM 75 v 75 cont. vent
Color Integrated Stucco System
Lantern - See Light Fixture Schedule
Stucco Surround
Beaded Brick Mould, Typ.
PORTICO
GALLERY
Tapered Shaft
Straight Shaft
Color Integrated Stucco System Over Masonry - Profiles to be Provided For Contractor
Square
Round
Square
1a Column Detail
A5.1a 3/4" = 1'-0"
Marble
Custom Milled Mahogany Door with Transom By TISCHLER - Provide Shop Drawings
NOTE: Provide Termite Treatment, See Specifications
Face of Concrete to Centerline of Column
F.F. 10.0
Slope 3/16" per 12"
Slope 1/4" Typ
6" Compacted Aggregate
Filter Fabric
Auto Court Curb
Fill Brick
Foundation See Struct.
Existing Soil
Piling See Struct.
Piling See Struct.
1 WALL SECTION
A5.1a 3/4" = 1'-0"
Existing Soil

前页: **(左)** 住宅的主体是殖民地风格和乔治亚风格，以灰泥和砖石结构为主，从而可以抵御巴哈马地区的飓风。**(右)** 穿过前部门廊和二层墙壁的截面设计图纸。

上左: 前部入口门廊具有鲜明的乔治亚元素——地面上石头铺成的棋盘图案、覆盖着石膏的天花板和拱形的开口。

上右: 从入口门廊可以看到客厅内的石头覆盖物（壁炉架）和涂漆的木制方格天花板。

对页: 尽管保留着乔治亚风格，客厅却给人一种置身海岛的轻松感觉。

后页: **(左)** 一组大型的落地门和气窗使人们在客厅可以透过后部的走廊看到泳池、附近的水道以及远处的杧果林。**(右)** 后部走廊的天花板高达 4.27 米，还有法式的石灰石地面，覆盖着灰泥的古典石柱，从这里可以直接进入泳池，并可以欣赏远处的壮丽水景。

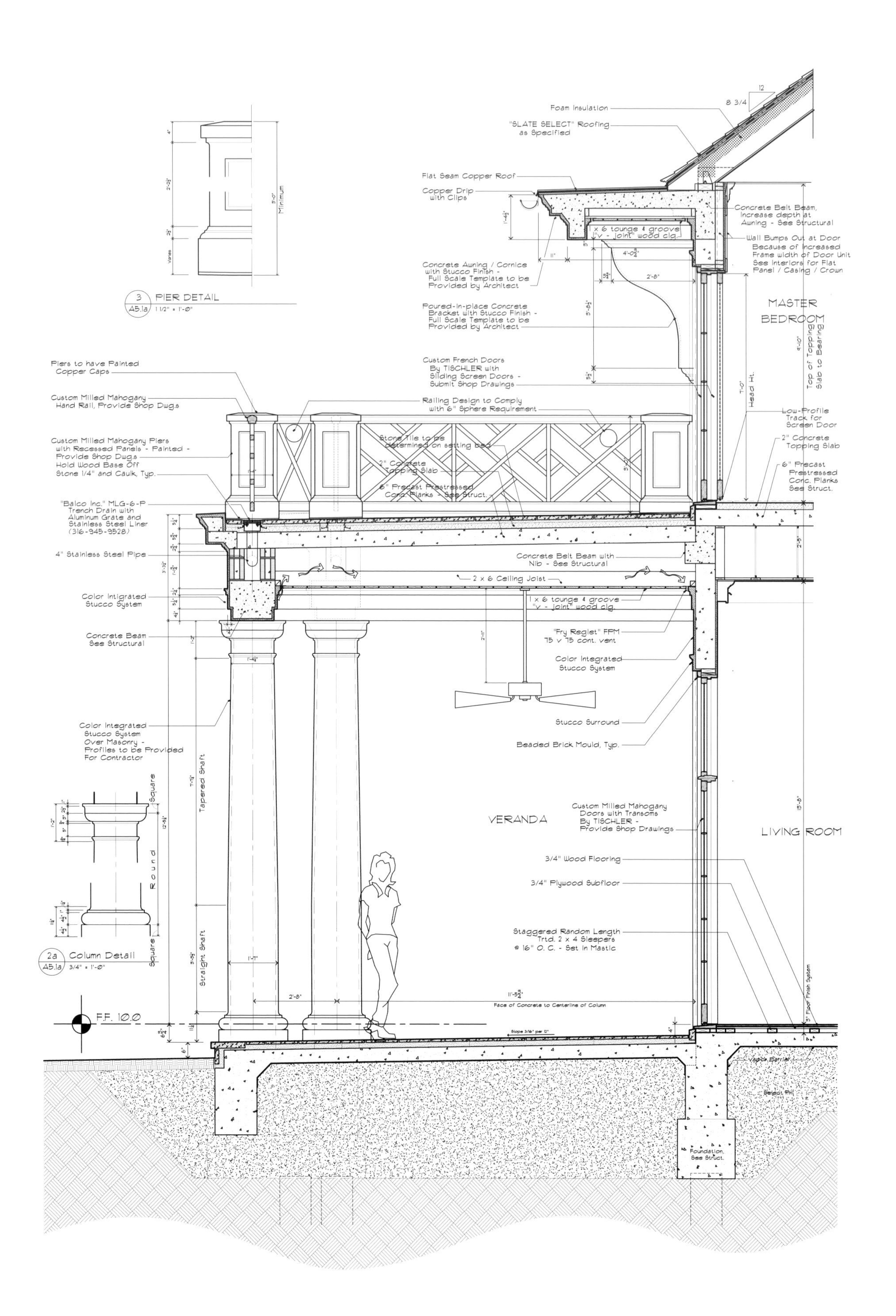

Foam Insulation
"SLATE SELECT" Roofing as Specified
Flat Seam Copper Roof
Copper Drip with Clips
Concrete Belt Beam, Increase depth at Awning - See Structural
1 x 6 tounge & groove "V - joint" wood clg.
Wall Bumps Out at Door Because of Increased Frame width of Door Unit See Interiors for Flat Panel / Casing / Crown
Concrete Awning / Cornice with Stucco Finish - Full Scale Template to be Provided by Architect
Poured-in-place Concrete Bracket with Stucco Finish - Full Scale Template to be Provided by Architect
MASTER BEDROOM
Custom French Doors By TISCHLER with Sliding Screen Doors - Submit Shop Drawings
Head Ht.
Top of Topping Slab to Bearing
3 PIER DETAIL
A5.1a 1 1/2" = 1'-0"
Minimum
Piers to have Painted Copper Caps
Custom Milled Mahogany Hand Rail, Provide Shop Dwgs
Railing Design to Comply with 6" Sphere Requirement
Low-Profile Track for Screen Door
Custom Milled Mahogany Piers with Recessed Panels - Painted - Provide Shop Dwgs
Hold Wood Base Off Stone 1/4" and Caulk, Typ.
Stone Tile to be determined on setting bed
2" Concrete Topping Slab
6" Precast Prestressed Conc. Planks - See Struct.
2" Concrete Topping Slab
6" Precast Prestressed Conc. Planks See Struct.
"Balco Inc." MLG-6-P Trench Drain with Aluminum Grate and Stainless Steel Liner (316-945-3528)
4" Stainless Steel Pipe
Concrete Belt Beam with Nib - See Structural
2 x 6 Ceiling Joist
Color Intigrated Stucco System
1 x 6 tounge & groove "V - joint" wood clg.
Concrete Beam See Structural
"Fry Reglet" FFM 75 x 75 cont. vent
Color Integrated Stucco System
Color Integrated Stucco System Over Masonry - Profiles to be Provided For Contractor
Stucco Surround
Beaded Brick Mould, Typ.
Tapered Shaft
Square
Round
Square
VERANDA
Custom Milled Mahogany Doors with Transoms By TISCHLER - Provide Shop Drawings
LIVING ROOM
3/4" Wood Flooring
3/4" Plywood Subfloor
Staggered Random Length Trtd. 2 x 4 Sleepers @ 16" O. C. - Set in Mastic
2a Column Detail
A5.1a 3/4" = 1'-0"
Straight Shaft
F.F. 10.0
2'-8"
Face of Concrete to Centerline of Column
Foundation, See Struct.

前页:（左）穿过客厅走廊和上方的主卧室露台的截面设计图纸。**（右）**后部的走廊（以及上面的主卧室露台）和厨房 / 家庭活动室门廊（以及上面的卧室门廊）都毗邻泳池及其配套房间。

左: 从后面开阔的草坪上看到的住宅夜景，可以看出每一个房间（以及一些小房间）都拥有良好的水景视野。

史密斯
建筑集团

作为一个在芝加哥长大的孩子，杰弗里·史密斯从小便耳濡目染了弗兰克·劳埃德·赖特和路易斯·沙利文等杰出建筑师的作品。当他十多岁搬往棕榈海滩后，受到了著名建筑师艾迪生·米兹纳和莫里斯·法提奥的影响，不仅继续爱好建筑，还点燃了他创造住宅建筑的兴趣。

史密斯建造的住宅总是为客户而设计，整个创造过程都“奉献”给那些具有优点并敢于自我挑战的人们。史密斯的公司一向以严格的执行过程为荣。如果客户对某种特定风格产生了兴趣，那么这种风格的任何细节都会被一丝不苟地恪守和执行，公司还会指导客户做出明智的决定，从而保证风格的纯粹性。每一个元素都经过缜密的思考和权衡后以有序的方式进行整合，不会留任何机会给那些随意变化的想法。当住宅拔地而起时，就像生命一样以自己的方式成长。尽管建筑学是理论性的，但是实践却可以赋予建筑生命力。

史密斯凭借经验设计平面布局结构和顺序安排。正式的房间宏伟，但气势并不压人，私人房间亲切却不失雅致。立面的设计虽然也反映了平面设计的特点，但却是在形式上严格忠于特定风格而建造的经典外观立面。

史密斯热衷于建筑的保护，他的很多项目都是标志性建筑的修复工程。这种对古老和传统的赞赏也明显反映在他的新建筑上，有时候它们很像古老的建筑，令人难以辨别。史密斯说：“当人们走进我建造的新房子时，如果认为这是一个经过修复的老建筑，就是对我最好的奖励。”

尽管造型比较正式严谨，但是史密斯的住宅却是舒适宜居的。当你走进并穿越这些空间时，气势恢宏和精妙入微的细节会以不同的层次纷纷展现在面前。在刻板之中会有很多充满奇思妙想的空间：立柱的顶端有反映附近海洋特点的海豚图案；海马造型的支架优雅地伸出脖子支撑着上面的阳台。这些元素吸取了古典的规则并增加了特征鲜明的曲线造型，从而更加独特。创建经典建筑并不是简单的回归过去，而是以深思熟虑、紧密结合的方式对历史的知识宝库进行参照、诠释和运用。

“我们是以永恒的风格进行设计的传统主义者，我们努力将您的新家打造成仿佛继承而来的古老住宅。”

宁静之家

弗罗里达州，棕榈海滩

宁静之家位于棕榈海滩的一个充满田园诗意的海岛上，那里有众多庄严古老的豪宅。有时候，建筑艺术就是让传统的风格去适应周围的环境。宁静之家的设计就是如此，乔治亚式的建筑经过修改后完全适应了亚热带气候环境。

与无数古老的乔治亚式建筑一样，宁静之家傲然屹立于此。不过，与早期热带地区的乔治亚式住宅一样，这座住宅在材料和颜色的使用上采用了更为随意的方式。砖石结构的外表被灰泥和黄油色的外观所取代，虽然与热带的乔治亚式色调反差极大，但是却体现出这里更为温和的气候。住宅明显具有经典的乔治亚风格，诸如采用了多利安式和爱奥尼亚式的立柱、拱形的饰边和带有开口式山墙的外观立面。栏杆和立柱的铸石底座严格按照古希腊和古罗马的经典比例进行建造，帕拉第奥式的细节在外观立面上也反复出现。

住宅面积: 2323 平方米　**占地面积:** 6039 平方米　**竣工时间:** 2002 年
内部设计: 大卫·伊斯顿和埃里克·史密斯　**景观设计:** 麦迪逊·考克斯联盟
摄影: 萨金特建筑摄影

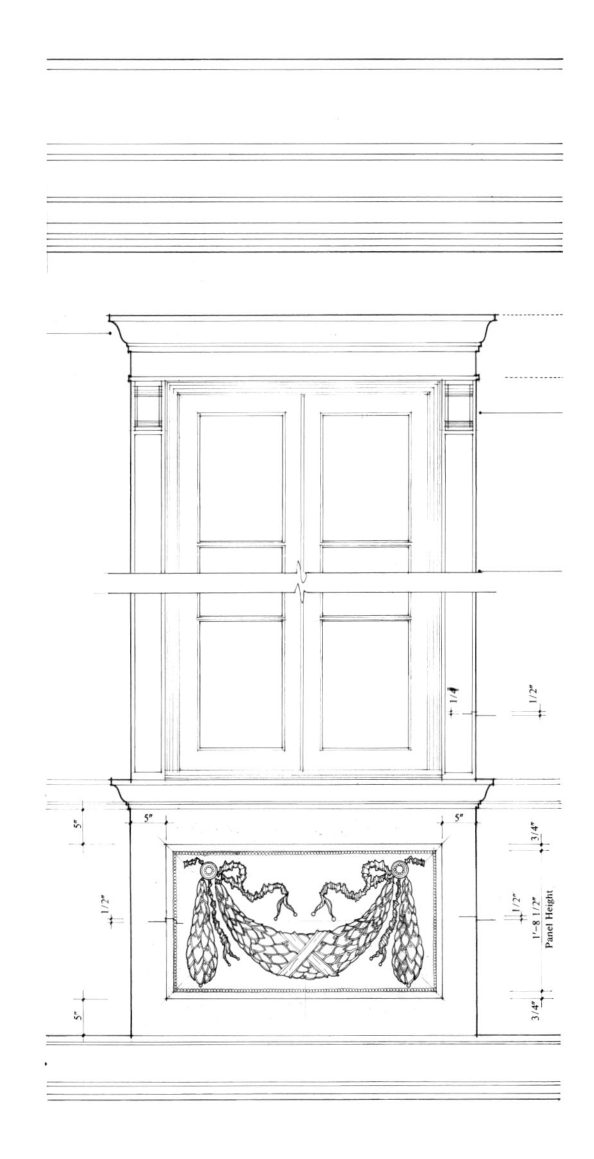

左: 入口一侧的外观上可以看到多利安式立柱、质朴的基座和带有开口的山墙。

上: 窗户的细节图纸。

后页: **(左)** 古典完美的室内装饰是由大卫·伊斯顿和埃里克·史密斯设计的。**(右)** 楼梯门厅和走廊点缀着豪华的装饰细节。

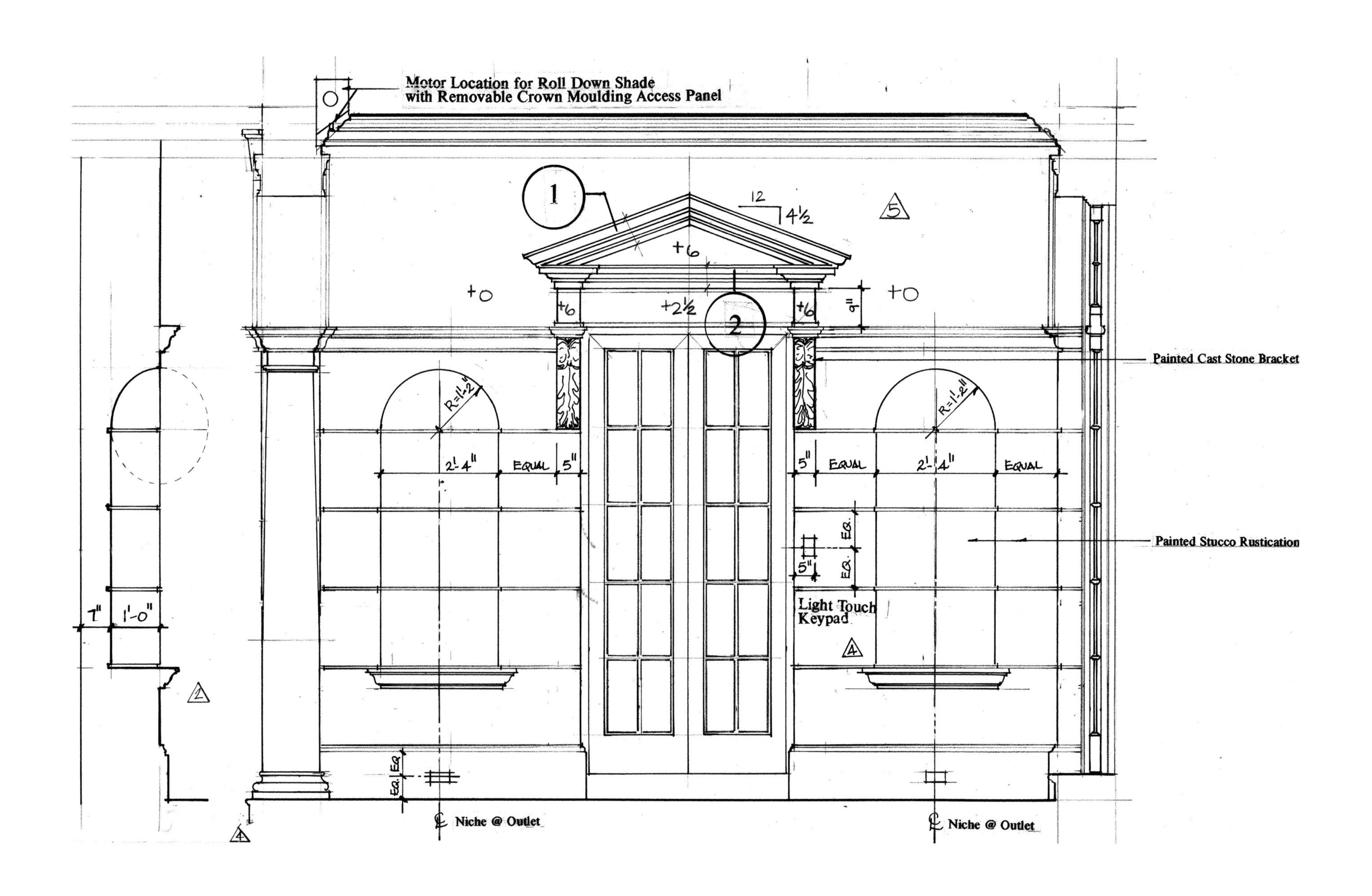

上: 门廊的细节图纸显示了一部分壁龛（左）和北侧立面（右）。

对页: 后部的湖边凉廊依然带有多利安式立柱并保持着质朴的气息。

后页: 住宅的平面布局类似“H”形，使所有重要的房间都具有观赏水景的良好视野。“H”形布局的“四肢”形成了一个上面带有露台的大型凉廊，围出了一个庭院的效果。凉廊和露台使住宅的室内外界线变得模糊，同时还可以遮蔽佛罗里达强烈的阳光。

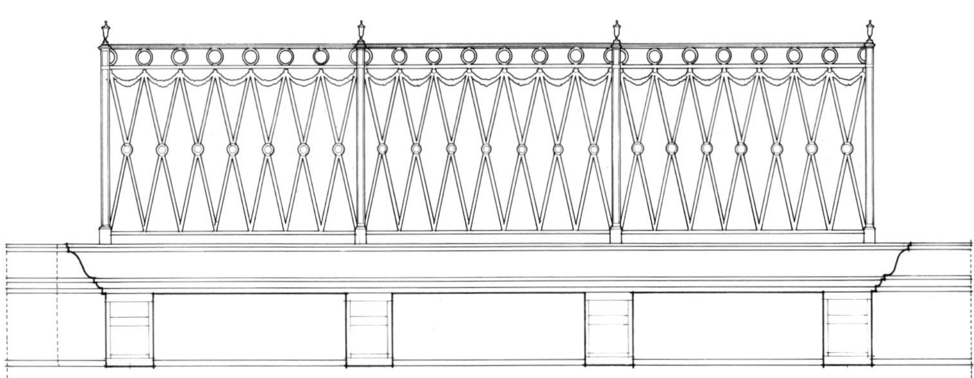

顶部：从外部可以看到餐厅的法式圆窗和上面的露台。**上：**阳台的立面细节图纸。

右：虽然住宅融入了很多乔治亚风格建筑的传统元素，例如比例、对称，并具有一些帕拉第奥式建筑的特点，但还是有一些与传统规则的不同之处。与英国传统的乔治亚式建筑相比，宁静之家的窗户与外观立面的比率较大，从而令住宅内部更加明亮、空气流通更加畅通、氛围更加柔和，并有助于室内外的交互活动。这是从泳池看到的后部立面。

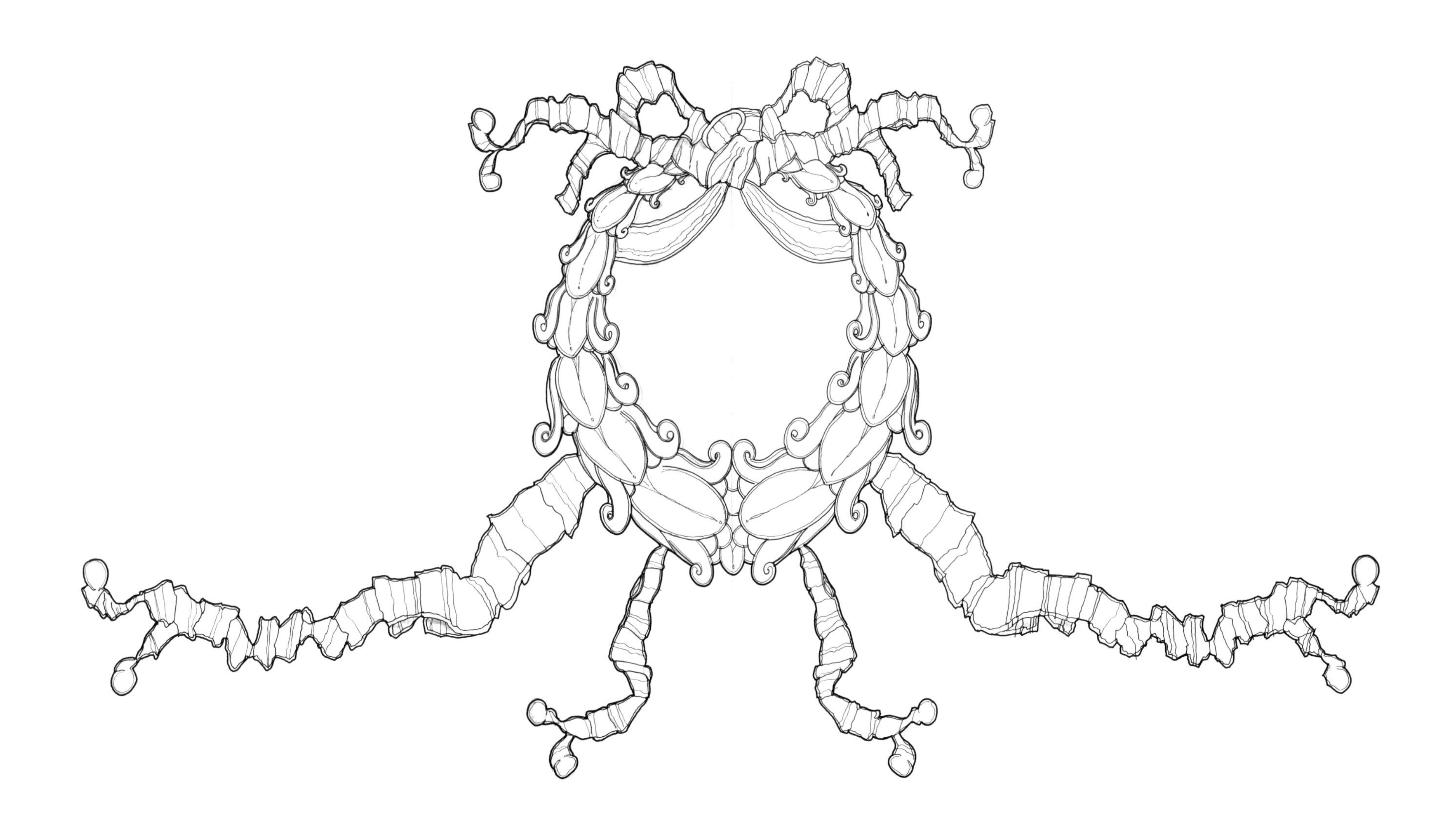

对页： 独立的客房坐落在与主体住宅平行的横轴上，与更加令人敬畏的主体建筑相邻，像一个小巧的珠宝盒。它朝向南方，可以看到下面近岸内航道的景色。它虽然规模不大，但是却采用了与主体建筑一样的细节和比例，表达了对这座住宅的赞美之意。

彭吉诺斯别墅

弗罗里达州，印第安克里克岛

彭吉诺斯别墅面积为 2508 平方米，位于弗罗里达州迈阿密附近比斯坎湾的印第安克里克岛。接近 0.75 公顷的地块呈饼状，使得住宅得以背靠在一块修剪整齐的临街草坪旁边，并且拥有足够的空间修建露台、泳池和各种凉亭。

彭吉诺斯别墅的灵感来自于帕拉第奥风格，并与过去的帕拉第奥式别墅一样充分考虑了场地条件和景观环境。住宅建在一块石头基座上，不仅显得更加高大壮观，还可以防止街上行人的窥视。外观立面上的窗口并不大，通透的围墙和两座伸出的单层翼楼围成了一个对称的机动车庭院和入口门廊。由于该地朝向海湾，住宅也自然如此，朝向海湾的立面更为开放，也显得更加明快。位于一层的主要房间和二层的主卧室都拥有开阔的海景视野。宽阔的地块不仅让所有的主要房间都面向大海，彼此之间还能通过凉廊和门廊连通在一起，从而使整个后部立面呈现出虚实相间的韵味。

住宅面积：2508 平方米　**占地面积：**7432 平方米　**竣工时间：**2009 年
景观设计：尼维拉·威廉姆斯
摄影：萨金特建筑摄影

左: 从汽车庭院看到的正式入口。

上: 铁艺入口大门的细节设计图。

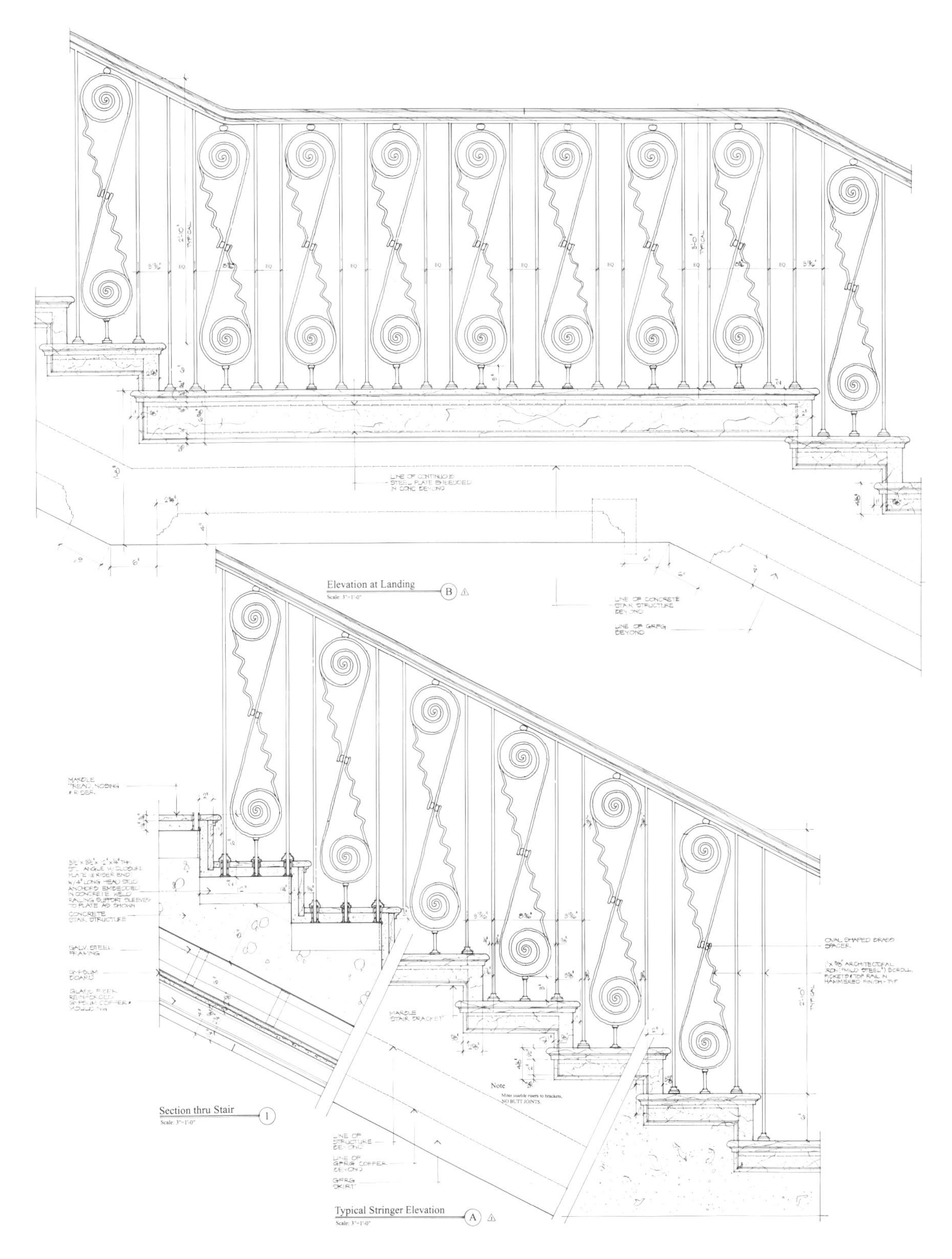

左: 主要的房间都大量运用了古典的装饰细节——弧形的楼梯（通向主走廊）拥有精美的铁艺栏杆，透过石雕拱门可以看到主走廊和远处的客厅，主要房间内都采用了方格形式的天花板。

上: 铁艺栏杆的详细设计图。

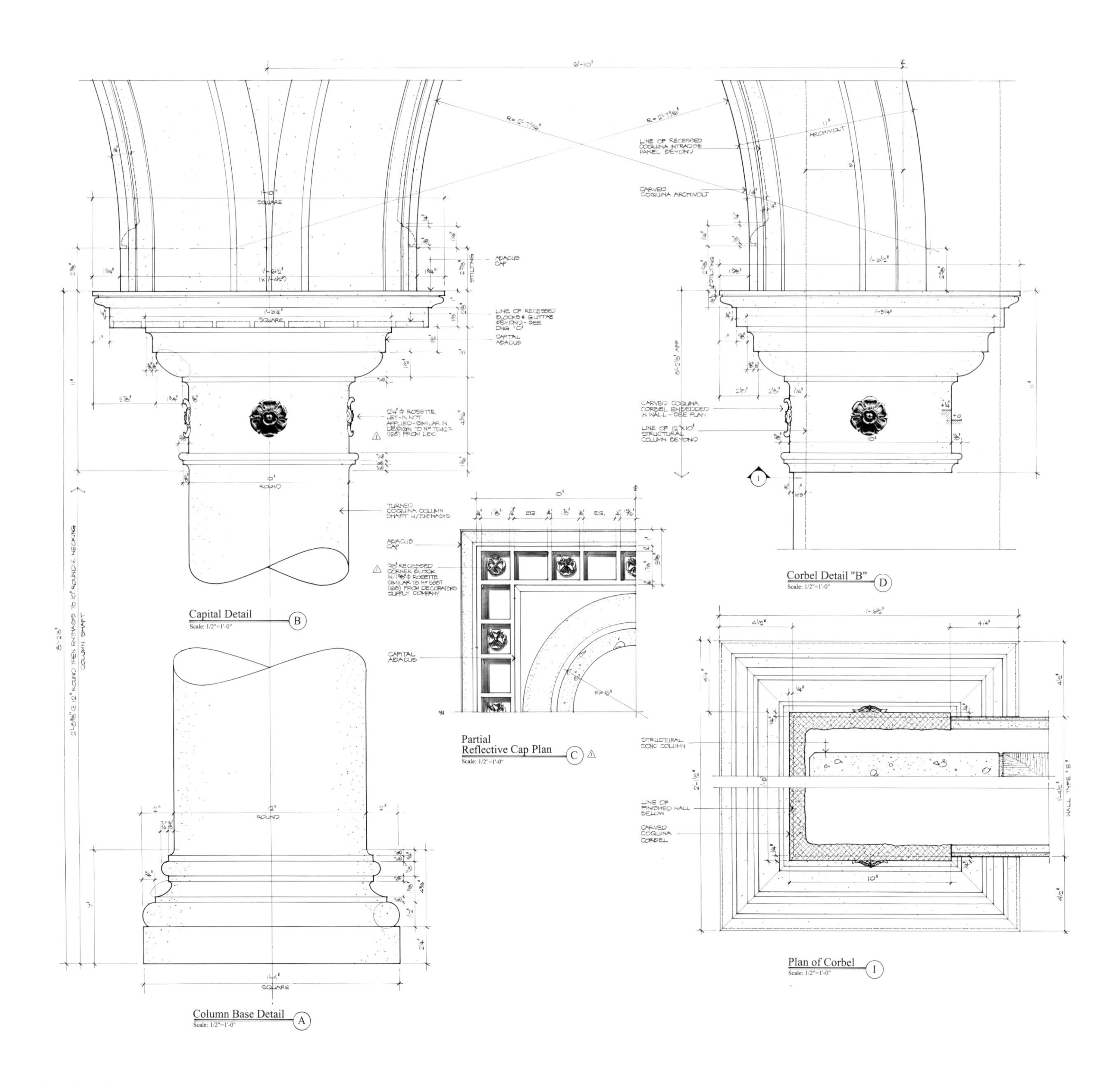

上: 石雕立柱的细节设计图。

右: 立柱顶板的底面细节。

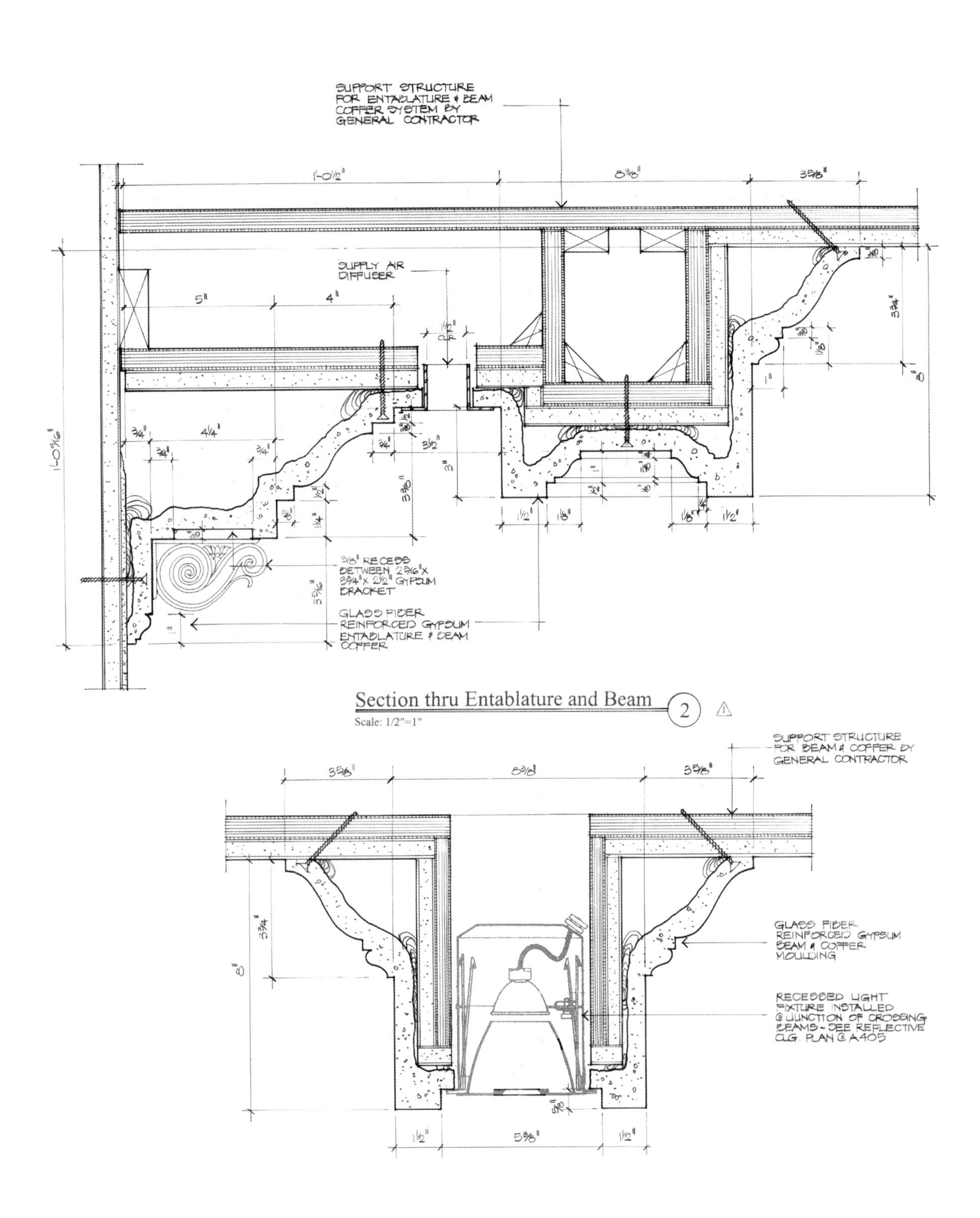

上: 方格天花板的详细截面图。

右: 客厅内淡雅精致的中性色调。

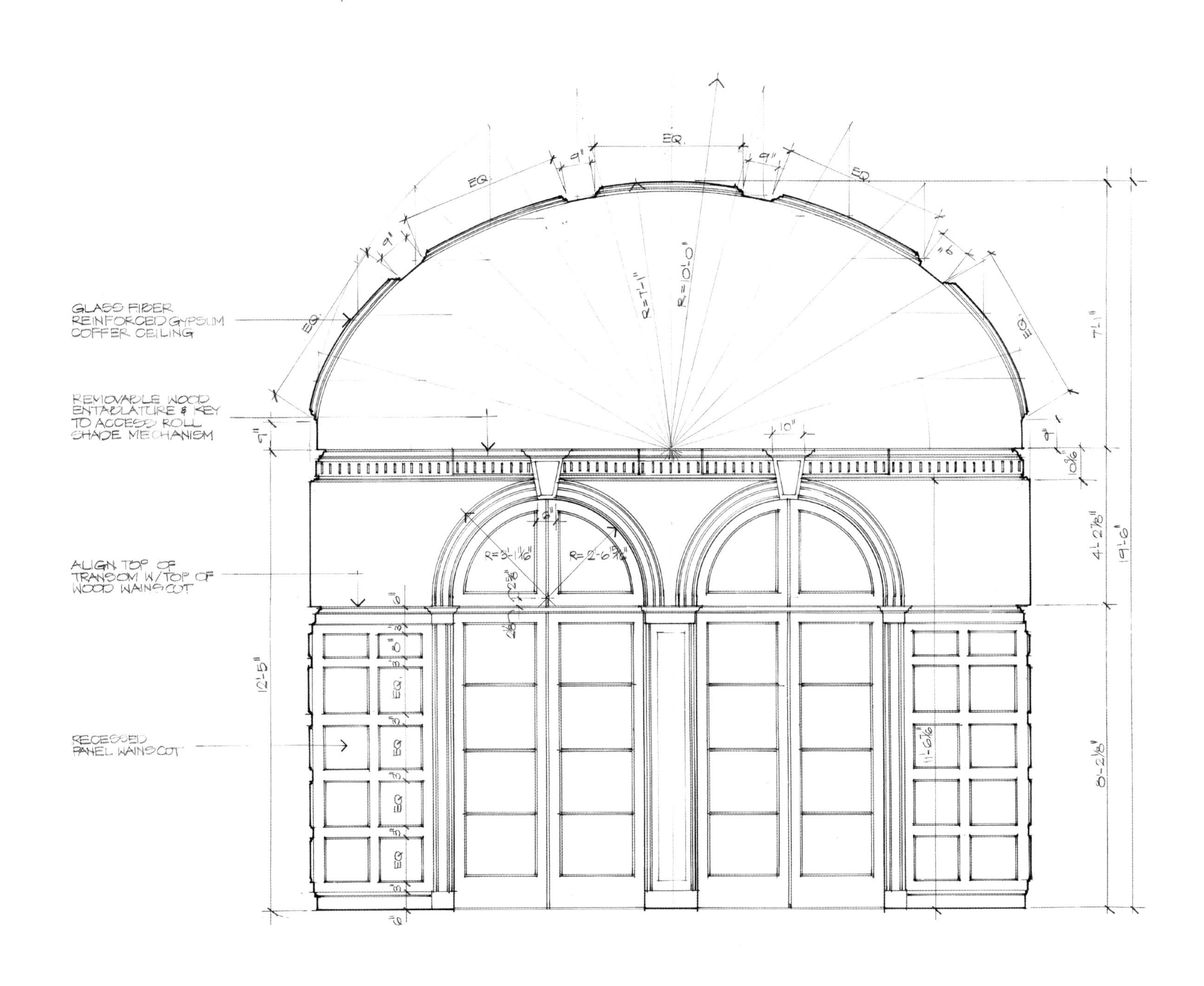

对页: 优美典雅的台球室装饰着凡尔赛式镶木地板、橡木镶板和椭圆形并带有方格造型的石膏天花板。

上: 台球室南侧立面的详细设计图。

上: 主凉廊内精细的拼花地板和方格天花板。

右: 邻水一侧的后部外观，石头基座不见了，通过逐级降低的露台可以到达泳池。

后页: 在泳池的一端，掩映在枣椰树后的餐饮亭。泳池旁边这些宝石般的亭子令人联想到帕拉第奥式庙宇。在设计中，这些亭子有封闭的，也有开放的，彼此间形成了互补。它们的倒影在泳池的水面上也呈现出对称性。

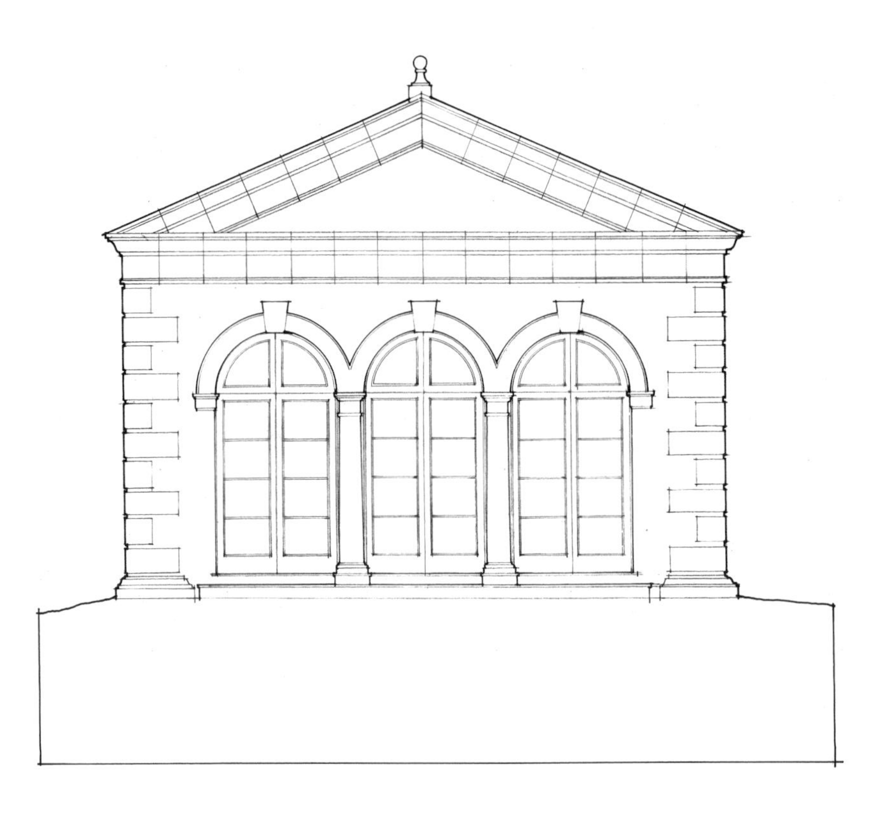

上: 水疗馆的东侧立面图。

右: 泳池的露台高出海堤1.8米,在这里可以俯瞰大海和迈阿密的天际线。

拉—唐特里亚

弗罗里达州，棕榈海滩

由约翰·L.沃尔克于1935年设计的拉—唐特里亚是一个具有纪念意义的乔治亚复兴风格住宅，占据了棕榈海滩岛屿北部的一个完整街区。住宅原有的平面布局呈“L”形，但是经过多次的改建和翻建之后，已经失去了原来的特色和细节。

一些20世纪80年代新建的小屋被拆除后，腾出的空间用于新增建筑，平面布局也随之改变为“U”形，从而在两座翼楼之间形成一个庭院。在入口门廊西侧的建筑上新建了第二层，使住宅的主立面结构更加平衡。

入口门厅也增加了乔治亚建筑风格的细节，主楼梯和客厅强化了原来的家族风格。雅致的椭圆形楼梯被反转了方向，从而改善了去往图书馆的通行条件，楼梯上还增加了带有金色垂花饰和公羊头造型的金属栏杆。在第二层，所有的房间经过重新设计和配置后，使主卧室位于原来朝东的阳台山墙的中心部位。为了扩大男女主人的浴室和壁橱，主人套房也在两个方向上进行了扩展。在凉廊上方的第二层，原来的卧廊也得以恢复。

住宅面积：2508平方米　**占地面积：**5295平方米　**竣工时间：**2009年
内部设计：凯瑟琳·施纳曼室内设计公司　**景观设计：**尼维拉·威廉姆斯
摄影：空中摄影；安迪·弗雷姆；史蒂文·里克斯；杰弗里·W.史密斯

前页: 主入口立面。

上: 门厅的立面与入口大门处在同一轴线上。

左: 入口前厅带有八边形（注: 图片上是六边形）格状图案的石膏天花板和椭圆形含铅玻璃气窗。

本页: 主楼梯上的爱奥尼亚式栏杆上装饰着公羊头饰物和带有流苏的绳状饰物。

对页：（顶部）餐厅的墙壁上有 17 世纪的中国艺术特色镶板，上面刻画了四季的画面。门的上方有一个宝塔状的镶板，将餐厅的空调隐藏于其后。**（底部）**图书室以古老的法国橡木镶板为特色，上面带有贝壳的主题图案。

上：客厅内以通往露台的落地门、全新的镶板和古老的壁炉为特色。

后页：家庭楼梯的扶手护栏上有三种造型不同栏杆交替出现。

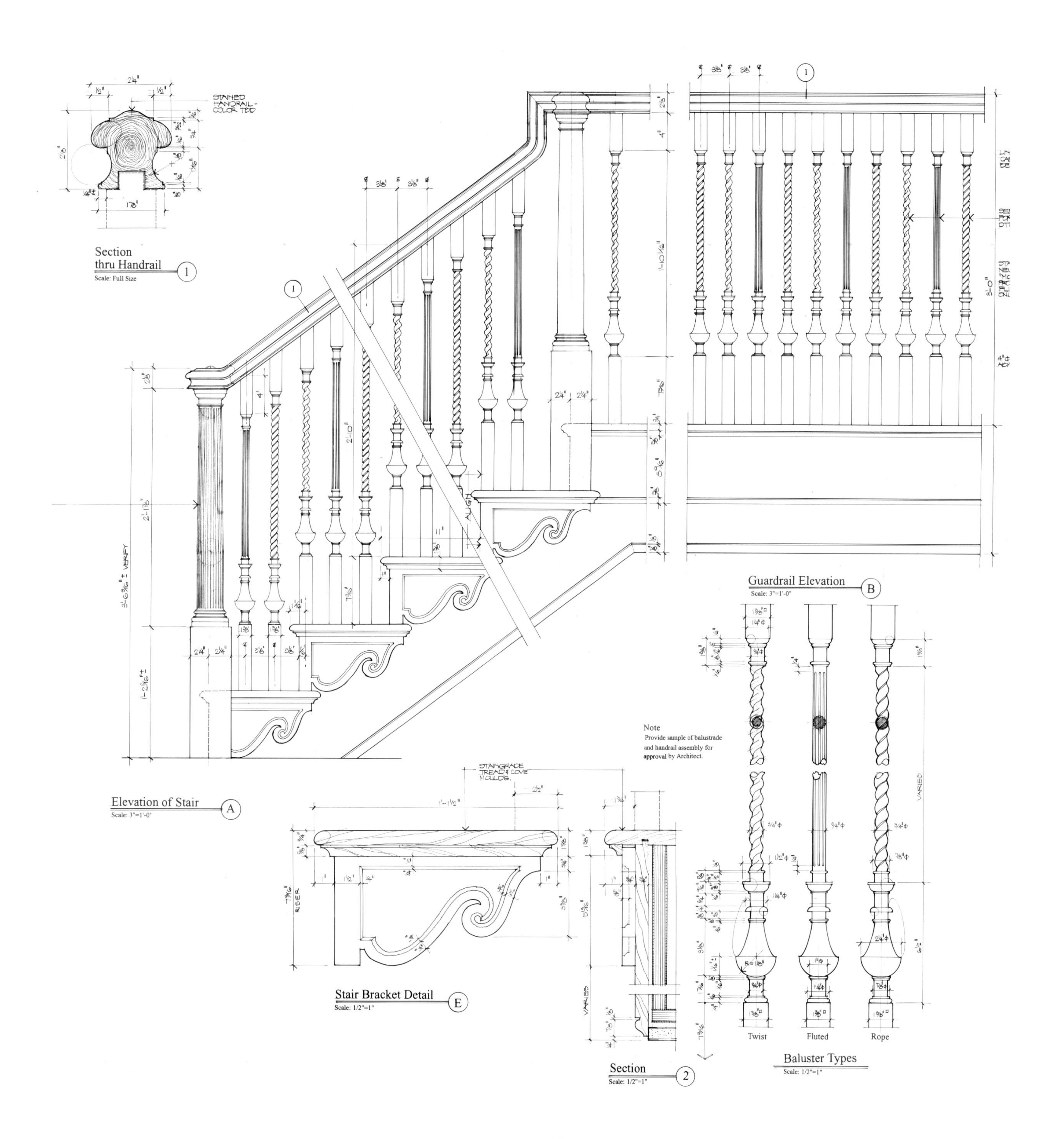
Section
thru Handrail
Scale: Full Size
STAINED HANDRAIL - COLOR TBD
Elevation of Stair
Scale: 3"=1'-0"
Guardrail Elevation
Scale: 3"=1'-0"
Note
Provide sample of balustrade and handrail assembly for approval by Architect.
STAIRGRADE TREAD & COVE MOULD'G.
Stair Bracket Detail
Scale: 1/2"=1"
Section
Scale: 1/2"=1"
Twist
Fluted
Rope
Baluster Types
Scale: 1/2"=1"

上: 住宅的外观立面，在这里可以俯瞰海滨。

对页: 从泳池看到的庭院和远处的凉廊。

蒂莫西·布莱恩特
建筑事务所

蒂莫西·布莱恩特建筑师事务所是一个屡获殊荣的全方位服务的建筑和设计企业，以创造技艺精湛、优美典雅、具有归属感的住宅而闻名。他们的每一个项目都是传统与现代的和谐统一，虽然受到古典主义风格的影响，却是为现代的生活而设计。通过与客户进行全面的协商，最终确定他们对家的特殊梦想和期望。

蒂莫西·布莱恩特生长于英格兰的温莎和海威科姆，他的父亲是一位建筑工作者，在父亲的熏陶下，他从小便沉浸于建筑学和建筑艺术中。作为一个以内部设计为背景的古典主义者，布莱恩特在建筑和设计领域拥有超过30年的经验。21岁的时候，他搬到了美国。在最终定居纽约之前，他花费大量的时间研究探索西海岸的建筑和景观。在他的职业生涯中，有幸与大量杰出的建筑师和内部设计师合作，其中包括蒂耶尔·德斯邦德、弗格森和沙马米安、约翰·莫里、维多利亚·哈甘、马里奥·布阿塔和蒂莫西·维隆。

蒂莫西在艺术、文学、自然和城市景观中吸取灵感，并将来自于不同时期的细节自然地融入到每一个项目之中，在打造现代感和新鲜感的同时还保持了特定历史背景下的灵魂和底蕴。布莱恩特面向客户的设计方法涉及到与无数天才的工匠、承包商以及顾问的合作，他们同样拥有追求精湛技艺和关注细节的热情。

事务所提供范围广泛的服务，包括基础建设、恢复和改造、历史性建筑保护、地产开发总体规划、室内装饰、家具规划和适应性再利用等。他们同众多的专业人士进行合作，包括工匠和技师、保护主义者和内部设计人员，从而确保了设计中的每一个元素都能充分满足客户的需求。此外，他们还通过经受得住时间考验的方法和最佳的材料在住宅中体现可持续性和节能性。

这一实践惯例形成于1997年，事务所因此在之后获得了无数的建筑和设计大奖。他们的声誉来自于能够把不同的建筑风格转化为满足每一位客户特定需求和愿望的永久住宅。布莱恩特永远充满着好奇心，这使他成为一个自然的历史探索者。

"一个美好的家园具有永恒的感受，无论何种风格和规模，人们需要的是一个永远属于自己的家。"

曼德维尔峡谷中的家园

加利福尼亚州，曼德维尔峡谷

在这个地产项目中，主要任务是翻修和更新客宅、泳池配套房间、网球场。但是住宅主体建筑将被完全拆除，并以畅通的平面布局和精心专注的规划设计进行重新建设，从而满足客户的需求。此外，还增加了一座门房。蒂莫西·布莱恩特与维多利亚·哈甘合作设计了一种将当地其他住宅的本土样式与东海岸风情相结合的视觉效果，使住宅形成了与众不同却又非常适宜的特色。

房主和室内设计师都积极参与了规划和细节设计的全部过程，他们的目标就是要建立一个统一的总体规划，使这一小群建筑仿佛随着时间的推移而自然发展壮大，但是却看似由来已久。

最终，一个具有特殊归属感的家园出现在人们面前。它独树一帜却似曾相识的风格虽然与附近洛杉矶的住宅风格完全不同，但是却极为和谐地与周边的环境融为一体。

住宅面积: 1672平方米 **占地面积:** 1公顷 **竣工时间:** 2003年
内部设计: 维多利亚·哈甘室内设计工作室 **景观设计:** W. 加雷特·卡尔森
摄影: 拉尔斯·弗雷泽尔

对页和本页：在外部，布莱恩特采用了石板屋顶、手工成型的砖头和康涅狄格式的石头基座，自然地将住宅与精美的景观融合在一起。作为外部装饰不可或缺的铺砌露台、走道和庭院也有着异曲同工之妙。布莱恩特还将一系列的藤架和凉亭连接在一起，作为对饰有托架和支架的弓形窗和立体凸窗的补充，进一步将住宅与美化的景观结合在一起。普通的窗户都采用了单层玻璃的平开窗扇，并配有精美的竖框、纤细的窗格图案。这些窗扇的尺寸彼此相同，也可在特定的位置上单独进行缩放。

对页和本页：布莱恩特创建了一系列的大型天花板和具有轻松感的木制镶板，使住宅主体和附属建筑的内部装饰主题达到统一。虽然住宅主体比较庞大，但是在这个彼此相同的开放式布局中，布莱恩特通过运用材质、韵律和随处可见的涂绘磨光阴影线，营造了一个温馨亲切的空间。正如这里看到的，从上左顺时针方向：楼梯大厅和缓步台、阁楼楼梯大厅、主卧室、主浴室、客厅（朝向外部）、厨房、客厅（朝向内部）、缓步楼梯大厅（详细）。

对页：（顶部）原有的景观美化得到了应有的尊重，尽可能地保留了很多成熟的珍贵树种。**（底部）**改造后的网球场和与其相邻的带有山墙顶部的平台细节。

上：氛围轻松，但不失优雅。深思熟虑的细节设计借鉴了熟悉的东海岸风情和美感，譬如木板围墙、漆成白色的墙面壁板、装饰精美的横梁、托架和藤架等。这里有为家庭定制设计的室外灯具，以其优良的细节品质和装饰效果，使其余的外部装饰处理更为平衡和谐。

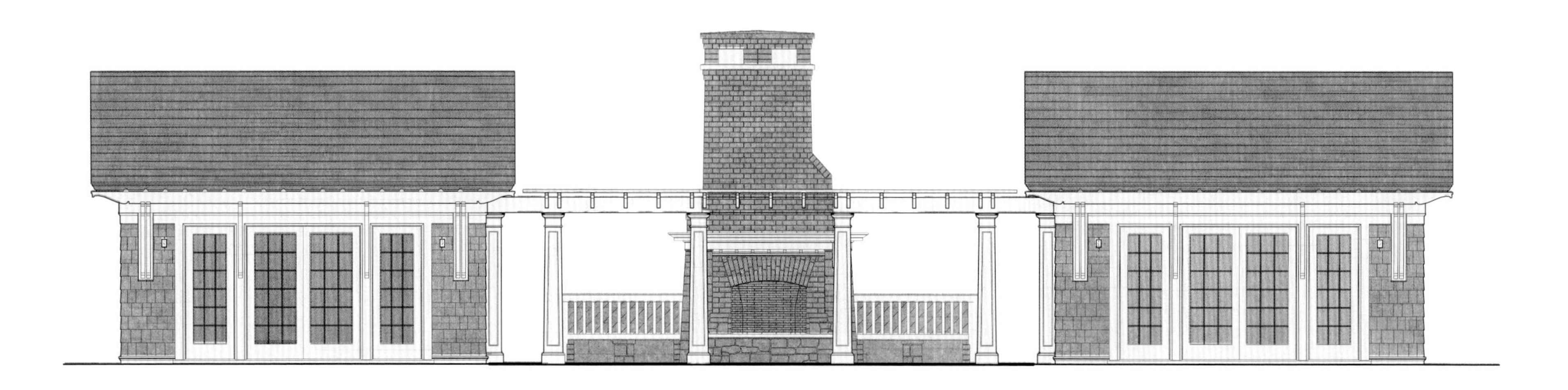

对页：（上）泳池及其配套房间的外观。（下）泳池配套房间的立面图。

本页：泳池配套房间的内部情景。

公园大道公寓

纽约州，纽约市

在公园大道公寓的修复和翻新项目中，蒂莫西·布莱恩特将这座建于1917年的公寓重新塑造成优雅的具有战前风格的住宅。雷恩时期的乔治亚式外形轮廓和受到詹姆斯·吉布斯影响的飞檐体现了20世纪30年代轻松悠闲的感觉。通过将门厅设置为社交活动中心，改变了正式和私有区域的传统划分方式，这也是原建筑师J.E.R.卡朋特的本意。这一切都令公寓的风格显得更为正宗。

重新修饰过的古巴红木地板、修复一新的钢制窗户和略显古旧的乔治亚式餐桌，这些充满怀旧情节的复古设计随处可见。尽管如此，整个公寓却配置了适合当代生活的现代化设备，诸如壁橱、电视，其他的便利设施则隐藏在壁橱内部、门后、可翻转的书架后面，甚至是客厅内油画框的背后。

设计的精妙体现在细节之处。带有韵律感的墙板使主要的生活空间彼此之间显得连贯流畅。由英国的查尔斯·爱德华兹提供的独特的五金器具也成为引人注目的装饰细节。这样的例子不胜枚举，比如前门的旋转把手、随处可见的摄政风格的仿乌木蜂窝状球形门把手，还有上面的黑色卵锚饰模型。

卡朋特这一突破型设计的诞生已经超过90年。今天，他的这个传统公寓的蓝图不仅在公园大道得以幸存，并且将会得到永生。

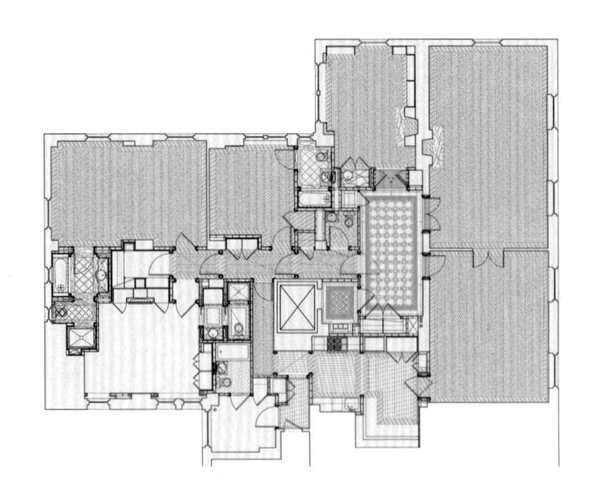

住宅面积: 353平方米　**竣工时间:** 2004年　**内部设计:** 奥纳尔设计公司　**摄影:** 西蒙·厄普顿

对页: 在入口大厅,可以看到多利安式柱顶楣构与毛奇式飞檐相接、金色叶状内凹的装饰嵌线、手工印制的意大利式壁纸。地面由水流切割的八角形石头以连锁的形式铺设而成,这些设计也参考了威尼斯的仁爱修道院。

本页: 在南面、重建的图书室内部饰物都是用俄勒冈的古松木在巴黎由手工制作而成,此外还可以看到一个回收利用的乔治亚式松木雕刻的壁炉架。

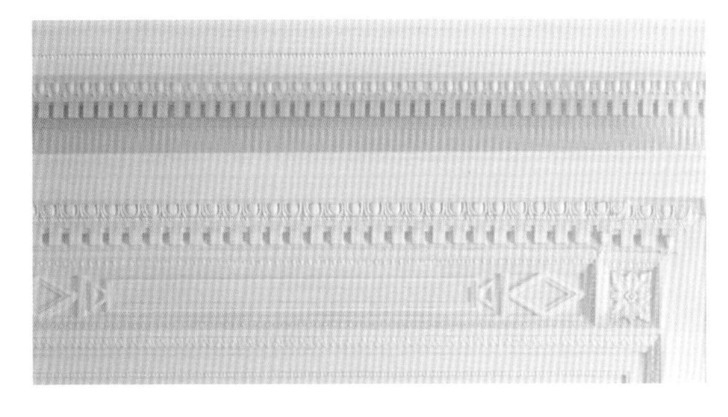

对页: 每个房间的前面和中部都有客户收藏的非凡的艺术品和家具。陶瓷制品、壁画、地毯和祖传的油画与全新的、完美的手工制品并置。这种随意的混合形式也同样出现在客厅，布莱恩特的科林斯式柱上楣构与客户的乔治亚式人造大理石壁炉架相得益彰，壁炉上还有一面40年前购于爱尔兰的古董镜子。

本页: 餐厅内和门的上方，在装饰嵌线的阴影和深度的衬托下，20世纪中期的爱尔兰和亚洲主题的艺术品汇聚一堂，其中包括特别委托制作的中国壁画、爱尔兰餐柜、各种陶瓷制品和法国欧比松地毯。

上左: 男主人浴室。**上右:** 女主人浴室。**左:** 卧室大厅。
对页: 主卧室。

科里/康奈尔住宅

马萨诸塞州，韦斯特波特

当蒂莫西·布莱恩特着手科里住宅的工作时，这座位于马萨诸塞州韦斯特波特的18世纪末期的农庄式住宅正面临着拆迁。遍地是残破的瓦砾，附属建筑也是年久失修。外部罩面更是残破不堪，以至于墙壁上杂草丛生。他想不出这将会成为与快节奏的曼哈顿生活同样诱人的住宅。

在当地保护组织顾问的帮助下，布莱恩特全面了解了住宅的来龙去脉。橡木柱梁结构上的年轮显示出这些木材砍伐于1777年。从住宅烧毁的内部木工制品中恢复的部分也帮助他精确地复原了飞檐、门扇、踢脚线、护墙板、滑动百叶窗和壁炉架等。

2004年，这座住宅获得了莎拉·R.德拉诺保护奖。这一奖项是授予那些对新贝特福德地区历史遗迹的修复和环境保护做出贡献的个人和组织。此外，该住宅还获得了马萨诸塞历史委员会于2007年授予的保护奖。不久之后，这座住宅便进入了国家历史古迹注册名单。

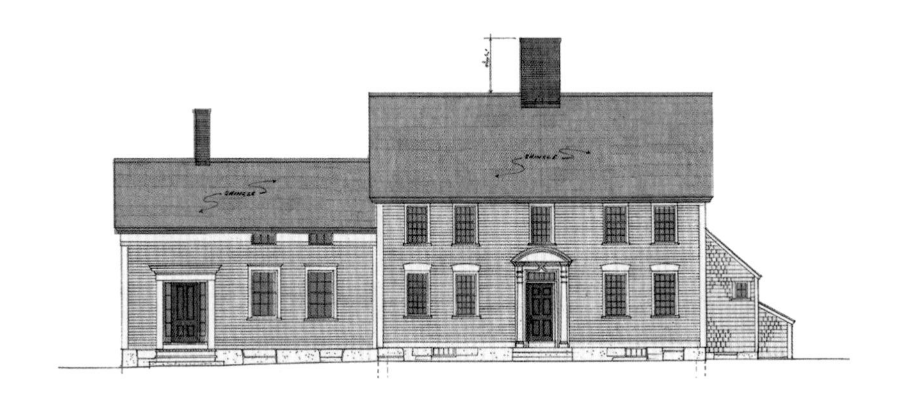

住宅面积：279平方米　**占地面积：**1.47公顷　**竣工时间：**2007年
内部设计：蒂莫西·布莱恩特　**景观和园林顾问：**爱德华·伯恩　**历史建筑顾问：**安妮·W.贝克尔
摄影：纳特·里

对页和本页：当墙面的人造砖脱落后，从门口可以看到前门的四周、山墙和弧形窗顶的阴影线，为全新的外部装修提供了重要的依据。幸运的是，上世纪 20 年代铺设的沥青屋面和人造砖外墙很好地保护了原有的橡木屋顶、墙板和橡木框架。现在，在住宅的后部立面还能看到这些结构。住宅还进一步选择了一些与历史时代相关并适合的结构。一座 19 世纪 40 年代罗德岛州考文垂的马车库房被移至这里，此外还包括冷水机组、电力、电话、有线电视等设施。为了避免任何线架与建筑相接，所有的线缆都设置在地下。从附近果园里移植过来的成熟的苹果树，使这里更具田园风光。

上: 入口门厅、厨房以及远处的餐具室。

右、对页: 根据 1796 年发现的继承人威廉·科里写下的遗嘱中的描述,在原有的位置恢复重建了蜂巢炼焦炉。在住宅的不同部分,所有新的设计都与历史年代相符合,诸如一些小的增加和修改、厨房和浴室的细木工家具,等等。

ALBRECHT DÜRER
SIGNS & SYMBOLS SOURCEBOOK
REMARKABLE TREES OF THE WORLD

对页和本页：在一座附属建筑里，发现了一盒在这里居住过的人们拍摄于20世纪20至60年代的照片。这一意外收获为内部装饰确定恰当的设计、色彩、材质纹理和材料提供了重要的参考信息。

对页和本页: 浴室和主卧室这样的内部空间都充满了明亮的光线，散发出温馨舒适的气息。

第五大道联排别墅

纽约州，纽约市

1899 年，世界著名的建筑师 C.P.H. 吉尔伯特见证了他为第五大道设计的两座具有标志性美术派风格的联排别墅的完工。在 1944 年之前，它们一直为原来的家族所有，并在 1982 年获得了地标性建筑的称号。目前的住户于 2008 年获得了其中的一座别墅，并聘请蒂莫西·布莱恩特建筑师事务所完成这一具有历史意义的建筑的恢复和改造工作。它的面积超过 1486 平方米，是目前曼哈顿地区十大单住户别墅之一，也是第五大道为数不多的幸存的联排别墅之一。

在改造过程中为了扩大可使用的生活空间，特增加了第七层，并对地下室进行了改建，还在一、二层面向后院的方向进行了 3 米的适当扩建。别墅的内部完全适合当代的单一家庭生活，花园层拥有宽敞大气的厨房，在客厅层还有很多娱乐空间，上部各层设有若干卧室。通过快速的电梯可以直达顶层，在那里可以俯瞰美丽的后院风景，也可进入宽敞明亮、通风良好的家庭活动室，与其相邻的是石头地面的屋顶露台。

住宅面积: 1486 平方米　**占地面积:** 1485 公顷　**竣工时间:** 2007 年
内部设计: 维多利亚·哈甘室内设计工作室　**景观设计:** 埃德蒙·霍兰德设计事务所
摄影: 乔纳森·沃伦

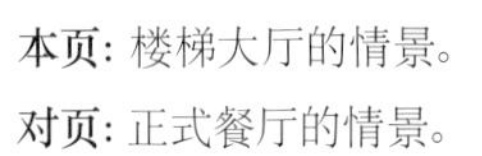

本页: 楼梯大厅的情景。

对页: 正式餐厅的情景。

伯克郡的住宅

康涅狄格州，索尔兹伯里

康涅狄格州的索尔兹伯里镇坐落于伯克郡，周边的景色十分迷人。连绵的丘陵、美丽的林间步行小道以及双子湖的美景，使小镇的建筑也充满了简朴的乡土特色。在一次夏季旅行中，客户发现露出地面的花岗岩层上有一块 6 公顷的空地，那里仅有一座残破不堪的小木屋和一个果园的残迹。联想到当地的农业传统，蒂莫西·布莱恩特的设计构思回溯到受希腊复兴风格影响的新式住宅，不仅体现出对传统手工艺的赞美，还能反映当地的历史，并和谐融入到周围的景观环境之中。

按照客户的要求，一层设有一间主套房和一间带有单独入口的办公室。从坐北朝南的方向和内部的布局来看，布莱恩特设计的住宅追求自然光线的采光效果，在整个白天，住宅内部的空间都能享受到阳光。

从护墙板到橱柜，当地制作的细木工家具比比皆是，独特的定制加工的机制木工部件也是随处可见。

住宅面积：279 平方米　**占地面积：**6 公顷　**竣工时间：**2007 年
内部设计：蒂莫西·维隆　**景观设计：**蒂莫西·布莱恩特
摄影：西蒙·厄普顿

上: 一座意想不到的双高度楼梯屹立在入口大厅，可以通往二层的客人卧室，也可以通往舒适的三层，在上面可以俯瞰下面的场地。

右: 豪华的客厅空间。

后页: 与入口大厅毗连的家庭综合活动室、厨房和用餐区域整个白天都沐浴在明媚的阳关下，并且通过一个屏蔽的门廊与室外相连。在内部设计师蒂莫西·维隆设计的地板和墙壁的舒缓色调衬托下，一座中央壁炉使整个空间达到了协调统一。而瑞典和英国古董的混合陈设营造了一种古老的传统感受，与定制的木工制品起到了相辅相成的效果。

da Vinci

RICHARD SERRA
Puzzle

本页: 安静和缓的中性色调。

建筑事务所信息

查尔斯·希尔顿建筑事务所 (第13页)
地址: 170 Mason Street, Greenwich, Connecticut 06830
电话: (203) 489-3800
邮件: mail@hiltonarchitects.com
网站: www.hiltonarchitects.com

弗兰克和劳森建筑事务所 (第61页)
地址: 2233 Wisconsin Avenue NW , Suite 212, Washington D.C. 20007
电话: (202) 223-9449
邮件: dc@francklohsen.com
网站: www.francklohsen.com

哈马迪建筑事务所 (第109页)
地址: 34 E Putnam Avenue, Suite 115, Greenwich, Connecticut 06830
电话: (203) 717-1090
邮件: kahlil@hamadyarchitectsllc.com
网站: www.hamadyarchitectsllc.com

约翰·米尔纳建筑事务所 (第157页)
地址: 104 Lakeview Drive, Chadds Ford, Pennsylvania 19317
电话: (610) 388-0111
邮件: info@johnmilnerarch.com
网站: www.johnmilnerarchitects.com

肯·泰特建筑事务所 (第205页)
地址: 433 N. Columbia Street., Suite 2, Covington, Louisiana 70433
电话: (985) 845-8181
邮件: info@kentatearchitect.com
网站: www.kentatearchitect.com

史密斯建筑集团 (第253页)
地址: 206 Phipps Plaza, Palm Beach, Florida 33480
电话: (561) 832-0202
邮件: info@smitharchitecturalgroup.com
网站: www.smitharchitecturalgroup.com

蒂莫西·布莱恩特建筑事务所 (第301页)
地址: 66 West Broadway, New York City, New York 10007
电话: (212) 571-6885
邮件: tbryant@timothybryant.com
网站: www.timothybryant.com

图片版权信息

Introduction © Neil Landino 6; © Courtesy of Philip James Dodd: Bespoke Residential Design 8, 9, 10
A Bahamian Compound © Timothy Dunford 241–51
A Classic Colonial Revival © Helen Norman 79–85
A Classic Colonial Revival Estate © Timothy Dunford 233–9
A Farmhouse © Gordon Beall 63–5
A Home in Mandeville Canyon © Lars Fraser 303–11
A Mountain Home © Robert Llewellyn 147–51, 153–5
A Neo-colonial House © Robert Llewellyn 125–31
A Park Avenue Apartment © Simon Upton 313–19
A Seaside Retreat © Gordon Beall 103–7
Agincourt © Joshua McHugh, Photographer 183–91
An English Cottage © Gordon Beall 87–95
An Estate on the Water © Gordon Beall 67–77
An Urban House © Gordon Beall 97–101
An Urban Villa © Timothy Dunford 218, 220–31; © Fred Licht 217, 219
Cory/Cornell House © Nat Rea 321–9
Country Georgian Estate © Stefen Turner Aerial Photography 15, 18; © Woodruff/Brown Architectural Photography 16, 17, 21, 22, 23, 24, 26 (left), 28, 29, 44–5; © Charles Hilton Architects 19, 26 (middle); © Nicholas Rotondi Photography 20, 27 (right)
Cricket Hill © Robert Llewellyn 111–23
Fifth Avenue Townhouse © Nat Rea 330–9
Gothic Revival Chapel © Tom Crane Photography 175–81
House in the Berkshires © Nat Rea 341–7
Kinsley © Don Pearse Photographers Inc. 199–203
La Tonteria © Aerial Photography 287; © Andy Frame 288-9, 290, 291, 294 (top right, bottom left), 295, 296, 298, 299; © Jeffery W. Smith 292, 293, 294 (top left); © Steven Leeks 294 (bottom right)
Mill Mountain Farm © Robert Llewellyn 133–44
The New Old House © Gordon Beall 207–11; © Timothy Dunford 213–15
New Country House © Matt Wargo Architectural Photographer 159, 160 (left); © Tom Crane Photography 161, 162, 163, 164, 165
Norman Revival Residence © Don Pearse Photographers Inc. 193, 194, 195, 196; © Tom Crane Photography 197
Serenity © Rick High *(rendering)* 254; Sargent Architectural Photography 255–66
Shingle Style Residence © Tom Crane Photography 167–73
Sleepy Cat Farm © Woodruff/Brown Architectural Photography 31, 34 (top left, bottom), 36–7, 38–9, 40, 41, 43 (right); © Robert Benson Photography 32–3, 42; © Nicholas Rotondi Photography 34 (top right), 35
Villa Penguinos © Michael Tataru *(rendering)* 268; © Sargent Architectural Photography 269–85
Waterfront Shingle Residence © Stefen Turner Aerial Photography 47; © Woodruff/Brown Architectural Photography 48–9, 50, 51 (top right), 52, 53, 54–5, 56, 58–9; © Nicholas Rotondi Photography 51 (bottom right), 57 (right)

除了特殊提到的，所有图纸、平面图和插图均由各建筑事务所友情提供。

索引